数字化人才职场赋能系列丛书

U0183400

React工程师

修炼指南

开课吧◎组编

高少云 莫 涛 韩明洋 余维海◎编著

机械工业出版社

CHINA MACHINE PRESS

本书以 React 16.13 为标准，帮助读者全面学习 React 技术栈相关知识。内容涵盖从开发 React 所必须掌握的 ES6 知识，到 React 、React-Router、Redux 等 React 相关技术栈的使用；从 React 在商城项目中的最佳实践方案，到 React 整体源码解析，再到工程化开发时 React 项目的各种配置及优化。本书内容系统全面，可以让读者快速上手 React 开发，帮助读者在面试时获取更高分数。

本书实例丰富、注重实战，各章均配有重要知识点串讲视频，可供 React 的初学者，以及有一定 React 使用经验，但希望更加全面、深入理解 React 的开发人员学习或参考。

图书在版编目（CIP）数据

React 工程师修炼指南/高少云等编著 . —北京：机械工业出版社，2020.8
（数字化人才职场赋能系列丛书）
ISBN 978-7-111-66044-6

Ⅰ . ①R⋯ Ⅱ . ①高⋯ Ⅲ . ①移动终端-应用程序-程序设计-指南
Ⅳ . ①TN929.53-62

中国版本图书馆 CIP 数据核字（2020）第 120802 号

机械工业出版社（北京市百万庄大街 22 号 邮政编码 100037）
策划编辑：尚 晨 责任编辑：尚 晨 白文亭
责任校对：张艳霞 责任印制：张 博
三河市国英印务有限公司印刷

2020 年 8 月第 1 版·第 1 次印刷
184mm×260mm·17.5 印张·429 千字
标准书号：ISBN 978-7-111-66044-6
定价：79.90 元

电话服务   网络服务
客服电话：010-88361066   机 工 官 网：www.cmpbook.com
          010-88379833   机 工 官 博：weibo.com/cmp1952
          010-68326294   金 书 网：www.golden-book.com
封底无防伪标均为盗版   机工教育服务网：www.cmpedu.com

致数字化人才的一封信

如今，在全球范围内，数字化经济的爆发式增长带来了数字化人才需求量的急速上升。当前沿技术改变了商业逻辑时，企业与个人要想在新时代中保持竞争力，进行数字化转型不再是选择题，而是一道生存题。当然，数字化转型需要的不仅仅是技术人才，还需要能将设计思维、业务场景和 ICT 专业能力相结合的复合型人才，以及在垂直领域深度应用最新数字化技术的跨界人才。只有让全体人员在数字化技能上与时俱进，企业的数字化转型才能后继有力。

2020 年对所有人来说注定是不平凡的一年，突如其来的新冠肺炎疫情席卷全球，对行业发展带来了极大冲击，在各方面异常艰难的形势下，AI、5G、大数据、物联网等前沿数字技术却为各行各业带来了颠覆性的变革。而企业的数字化变革不仅仅是对新技术的广泛应用，对企业未来的人才建设也提出了全新的挑战和要求，人才将成为组织数字化转型的决定性要素。与此同时，我们也可喜地看到，每一个身处时代变革中的人，都在加快步伐投入这场数字化转型升级的大潮，主动寻求更便捷的学习方式，努力更新知识结构，积极实现自我价值。

以开课吧为例，疫情期间学员的月均增长幅度达到 300%，累计付费学员已超过 400 万。急速的学员增长一方面得益于国家对数字化人才发展的重视与政策扶持，另一方面源于疫情为在线教育发展按下的"加速键"。开课吧一直专注于前沿技术领域的人才培训，坚持课程内容"从产业中来到产业中去"，完全贴近行业实际发展，力求带动与反哺行业的原则与决心，也让自身抓住了这个时代机遇。

我们始终认为，教育是一种有温度的传递与唤醒，让每个人都能获得更好的职业成长的初心从未改变。这些年来，开课吧一直以最大限度地发挥教育资源的使用效率与规模效益为原则，在前沿技术培训领域持续深耕，并针对企业数字化转型中的不同需求细化了人才培养方案，即数字化领军人物培养解决方案、数字化专业人才培养解决方案、数字化应用人才培养方案。开课吧致力于在这个过程中积极为企业赋能，培养更多的数字化人才，并帮助更多人实现持续的职业提升、专业进阶。

希望阅读这封信的你，充分利用在线教育的优势，坚持对前沿知识的不断探索，紧跟数字化步伐，将终身学习贯穿于生活中的每一天。在人生的赛道上，我们有时会走弯路、会跌倒、会疲惫，但是只要还在路上，人生的代码就由我们自己来编写，只要在奔跑，就会一直矗立于浪尖！

希望追梦的你，能够在数字化时代的澎湃节奏中"乘风破浪"，我们每个平凡人的努力学习与奋斗，也将凝聚成国家发展的磅礴力量！

慧科集团创始人、董事长兼开课吧 CEO　方业昌

随着信息时代的到来，数字化经济革命的浪潮正在大刀阔斧地改变着人类的工作方式和生活方式。在数字化经济时代，从抓数字化管理人才、知识管理人才和复合型管理人才教育入手，加快培养知识经济人才队伍，为企业发展和提高企业核心竞争能力提供强有力的人才保障。目前，数字化经济在全球经济增长中扮演着越来越重要的角色，以互联网、云计算、大数据、物联网、人工智能为代表的数字技术近几年发展迅猛，数字技术与传统产业的深度融合释放出巨大能量，成为引领经济发展的强劲动力。

React 是 2013 年 Facebook 发布的一个前端库，不仅率先提出了虚拟 DOM 的概念，更通过时间的考验被业内人士认可其是一款高效且实用的精品软件。React 采用了虚拟 DOM、Hooks 思想和 diff 深度优先。React 使用 Fiber 架构来减低渲染颗粒度，实现增量渲染。由于 React Fiber 目前的架构属于单向链表，因此只能实现单向查找。

最初的 React 中从虚拟 DOM 到真实 DOM，用的是递归遍历，这种方法不适用于大型项目，因为只有一个主线程，当主线程被持续占用时，就会造成后面任务的延迟，如果后面任务是需要被立即执行的任务，如动画，那此时用户就会发现动画出现卡顿。React 为了改善这种问题，引进了 fiber 架构，实现增量渲染，即可以根据任务优先级来决定任务执行的顺序，这极大提升了 React 在处理大型项目时的流畅度。除了虚拟 DOM、Fiber 架构的革新，针对函数组件，React 又创造性地引入了 Hooks，Hooks 的出现使得函数组件拥有状态、副作用执行等新功能，因此现在的函数组件功能完整，可取代之前的 class 组件。

React 的创新是值得大部分开发人员学习的。目前 React 最新版本是 16.13，本书内容均是来自此版本。当然，React 依然处于高速更新中，目前 React 正在更新的内容包括合成事件、diff 算法等。本书的 React 版虽然不是最新的版本，但是主要目的是帮助读者系统学习 React 的思想，而不仅仅是 API 的使用。

为了帮助读者更好地掌握 React，本书第 1 章从 ES6 基础开始介绍，给出了 React 重要 API 的使用方法与样例。对于大型应用，由于 React 没有通信处理功能，此时就需要借助第三方库，如 Redux 与 React-Redux，路由方面可以使用 React-Router，关于这三个库的详细使用，本书第 2~4 章均有详细讲解。如果读者能够掌握前 4 章内容，对初步开发 React 项目就比较有把握了。本书第 5 章为商城项目实战，此章会引导读者开发一个常见的商城项目，该项目采用当下最流行的 umi 框架，UI 库使用 antd4，基于 TypeScript 开发。开发本项目之前，建议读者先去 umi 和 antd 官网了解其基本使用方法，当然对于 TypeScript 新手来说，直接使用 TypeScript 开发会有一点吃力，但是类型检测开发是目前的一个流行趋势，以后会被广泛使用，不论是学习还是求职，都有必要掌握。第 6 章为 React 原理解析，建议读者重点掌握，学习一个框架的核心就是掌握其原理。第 7 章为工程化配置，该章内容在构建项目和优化配置方面非常重要，建议结合第 5 章内容学习掌握。

任何一个框架都有被淘汰的一天，React 也不会例外，但是它提出的创新思维和源代码编写方法，值得所有从业者学习借鉴，以此来扩展开发人员的思路，帮助读者成为一个优秀的开发者，而不仅仅是代码的搬运工。本书或许没有那么简单易懂，很多地方需要读者花一些心思去理解，但学习 React 就是要经历这样的过程，希望读者耐心学习理解，逐步提升 React 开发和实战能力。

本书每章都配有专属二维码，读者扫描后即可观看作者对于本章重要知识点的讲解视频。扫描下方的开课吧公众号二维码将获得与本书主题对应的课程观看资格及学习资料，同时可以参与其他活动，获得更多的学习课程。此外，本书配有源代码资源文件，读者可登录 https://github.com/kaikeba 免费下载使用。

限于时间和作者水平，书中难免有不足之处，恳请读者批评指正。

编 者

目录

第 *1* 章

ES6 基础

ES6 全名为 ECMAScript 6.0，它于 2015 年 6 月发布。此次标准的更新大幅增加了新语法及新特性。利用 ES6 的新语法及新特性能让开发者在解决实际工作需求上变得更加简单，代码也会变得更加简洁和优雅，所以掌握 ES6 也是学习 JavaScript 基础的必经之路。

1.1　let 及 const

Let 及 const 命令是 ES6 新增的两种新的声明格式，用于补全 ES5 标准中 var 声明变量的不足，下面具体介绍这两种命令。

1.1.1　let 命令

在 JS 中是通过关键字"var"来声明变量的，但是在 JS 中用"var"来声明变量会出现变量提升的情况，代码如下：

```
console.log(a)
var a = 10;
```

这段代码中，如果没有声明 var a = 10 的话，打印变量 a 会出现"a is not defined"的错误，但是用"var"声明变量"a"后，"a"的打印结果是 undefined，出现这种结果的原因是因为"var"声明变量时的提升机制（Hoisting）导致的。实际上，在执行过程中 JS 会把上面代码解析成如下格式：

```
var a;
console.log(a)
var a = 10;
```

也就是说通过"var"声明的变量系统都会把声明隐式地升至顶部，这样的特性往往会让刚接触 JavaScript 及习惯其他语言的开发人员不适应，导致程序出现问题。所以针对以上情况，ES6 引入了 let 命令来声明变量。let 声明和 var 声明用法一致，但是不会出现变量突然提升的情况，具体代码如下：

```
console.log(a); //UncaughtReferenceError:Cannot access 'a' before initialization
let a = 10;
```

利用 let 声明还可以把变量的作用域限制在代码块中，ES5 中定义作用域有两种，全局作用域和函数作用域。ES5 中没有块级作用域的概念，因此 ES6 中新增了块级作用域，用{}表示。块级作用域用于声明作用域之外无法访问的变量。主要有两种：

1）函数内部块级作用域：

```
function test(){
    let a = 20;
}
test()
console.log(a);
```

2）在字符{}之间的区域：

```
{
    let a = 10;
}
console.log(a);
```

let 在使用过程中除了上述情况外，还需要注意 let 声明过程中是禁止重复声明的：

```
let a = 10;
let a = 20;
```

1.1.2　const 命令

ES6 中还提供了 const 关键字。使用 const 声明的是常量，常量的值不能通过重新赋值来改变，并且不能重新声明，所以每次通过 const 来声明的常量必须进行初始化。

```
//初始化常量 name
const name = "开课吧";
//未初始化
const a ;
```

与其他语言不同，const 在使用过程中如果声明的是对象，需要注意修改对象的属性值，但是不允许修改已经声明的对象。例如：

```
const obj = {
    name:"张三",
    age:20
}
//属性值是可以直接修改的
obj.name = "李四";
console.log(obj);
//对象直接修改会报错
obj = {}   //Uncaught TypeError: Assignment to constant variable.
```

如果想让对象属性不能修改，可以借助 Object. freeze 函数来冻结对象，实现代码如下：

```
const obj = {
name:"张三",
age:20
}
Object.freeze(obj);          //冻结对象
obj.name = "李四";           //修改属性
console.log(obj);            //结果仍然是 {name:"张三", age:20}
```

但是通过 Object. freeze 冻结对象需要注意不能冻结多层对象：

```
const obj = {
  name:"张三",
  age:20,
  family:{
    father:{
      name:"张安",
      age:48
    }
  }
}
Object.freeze(obj);
//family 对象里的属性不能被冻结
obj.family.father.age = 50;
console.log(obj);
```

要解决多层对象的冻结问题可以通过封装一个 deepFreeze 函数来实现：

```
const obj = {
  name:"张三",
  age:20,
  family:{
    father:{
      name:"张安",
      age:48
    }
  }
}
//深冻结函数
function deepFreeze(obj){
  Object.freeze(obj);
  for(let key in obj){
    if(obj.hasOwnProperty(key) && typeof obj[key] === 'object'){
      deepFreeze(obj[key]);
    }
  }
}
//冻结对象
deepFreeze(obj);
obj.family.father.age = 50;
console.log(obj);            //对象 age 属性未被改变
```

1.1.3　临时死区

　　let 与 const 都是块级标识符，所以 let 与 const 都是在当前代码块内有效，常量不存在变量提升的情况。但是通过 let 及 const 声明的常量，会放在临时死区（temporal dead zone），通过下面代码可以看出：

```
{
    console.log(typeof a);
    let a = 10;
}
```

即使通过安全的 typeof 操作符也会报错，原因是 JavaScript 引擎在扫描代码变量时，要么会把变量提升至顶部，要么会把变量放在临时死区。这里通过 let 来声明"a"变量，会把"a"变量放在临时死区，所以在声明之前打印就会报错。

1.1.4　循环中的 let 及 const

在 ES5 标准中，for 循环都是通过 var 来声明的，由于 var 没有独立的作用域，导致在循环中创建函数时会出现结果和思路不一致的情况。代码如下：

```
let funArr = [];
for(var i=0;i<5;i++){
    funArr.push(function(){
        console.log(i);
    })
}
funArr.forEach(item=>{
    item();   //结果是 5 个 5；
})
```

循环执行结果并不是预想的 0,1,2,3,4 而是 5 个 5，这是因为 var 声明在循环中作用域共用，并且会把 i 保存在全局作用域中。要解决循环中保存函数的问题，可以利用闭包创建独立作用域。将代码改写如下：

```
let funArr = [];
for (var i = 0; i < 5; i++) {
  (function (i) {
    funArr.push(function () {
      console.log(i);
    })
  })(i)
}
funArr.forEach(item => {
  item();
})
```

这样通过自执行函数就可以解决循环中创建函数的问题。但是利用 ES6 中 let 及 const 提供的块级作用域可以让上面写法变得更加简单。代码如下：

```
let funArr = [];
for (let i = 0; i < 5; i++) {
    funArr.push(function () {
        console.log(i);
    })
}
funArr.forEach(item => {
    item();
})
```

这样得到的结果就是预想的结果。由于 const 不能被重新赋值，所以在 for 循环中如果利用 const 来定义变量会报错。代码如下：

```
//报错 Uncaught TypeError: Assignment to constant variable
for(const i=0;i<5;i++){
    console.log(i);
}
```

在 for-in 或 for-of 循环中使用 const 时，方法与 let 一致，代码如下：

```
let obj = {
    name:"张三",
    age:20
}
for(const i in obj){
    console.log(i);   //name、age
}
let arr = ["张三","李四","王二"];
for(const value of arr){
    console.log(value);          //张三、李四、王二
}
```

1.2 解构赋值

1.2.1 数组的解构

在 ES5 标准中赋值多个变量需要如下写法：

```
var  a = 10;
var  b = 20;
var  c = 30;
```

ES6 提供更加简单的解构赋值来实现上述变量的定义：

```
let [a,b,c] = [10,20,30];
console.log(a);          //10
console.log(b);          //20
console.log(c);          //30
```

等号右边的值会按照顺序依次赋值给左边的变量。当然很多情况下，赋值并不是一一对应关系，比如：

```
let [a,b] = [10,20,30];
console.log(a,b);        //10 20
```

上面不完全解构的情况同样是可以使用的，但是也存下如下情况：

```
let [,,c] = [10,20,30];
console.log(c);                //30;可以通过","隔开省略元素,只解构需要的变量;
```

同样也会出现右侧参数值不对应的情况：

```
let [a,b,c] = [10,20];
console.log(a);          //10
console.log(b);          //20
console.log(c);          //undefined   没有对称值会打印undefined;
```

也可以通过 "..." 把特定的元素放在变量里：

```
let [a,...arr] = [10,20,30];
console.log(a);          //10
console.log(arr);        //[20,30]
```

数组解构可以互换变量，如需要互换 a 和 b 的值，在 ES5 中需要通过一个中间变量来实现，代码如下：

```
let a = 10;
let b = 20;
let temp = a;
a = b;
b = temp;
console.log(a,b);        //20 10
```

在 ES6 中可以通过解构赋值来简化上述过程，代码如下：

```
let a = 10;
let b = 20;
[a,b] = [b,a];
console.log(a,b);        //20  10
```

1.2.2   对象的解构

对象解构写法和数组解构类似，代码如下：

```
let obj = {
    name:"张三",
    age:20,
    height:"178cm"
  }
let {name,age,height} = obj;
console.log(name,age,height);          //张三   20 178cm
```

上面结构的名称 name、age、height 必须和对象里的下标保持一致，不然会报错。同样对象也可以解构多层对象，代码如下：

```
let person = {
      name:"张三",
      age:20,
      family:{
          father:"张五",
          mother:"李萍"
      }
    }
let {name,age,family:{father,mother}} = person;
console.log(name,father);          //张三   张五
```

当然在解构对象的时候也可以自定义变量名称，代码如下：

```
let obj = {
        name:"张三",
        age:20
      }
let {name:myname,age:myage} = obj;
console.log(myname,myage);          //张三 20
```

1.2.3   解构的默认值及参数的解构

不管是数组的解构赋值，还是对象的解构赋值都可以添加默认参数。代码如下：

```
let obj = {
        name:"李四",
        age:20
      }
```

```
let {name,age,height = "178cm"} = obj;
console.log(height);            //178cm 如果没有值就会是默认值
```

除了解构数组及对象之外，在函数参数中也是可以使用解构的，同样参数解构也可以给默认参数。代码如下：

```
function fn({name,age}={}){
    console.log(name,age); //张三 20
}
let obj = {
    name:"张三",
    age:20
    }
 fn(obj)
```

1.3   字符串扩展

1.3.1   Unicode 支持

Unicode 的目标是为世界上每一个字符提供唯一标识符，唯一标识符称为码位或码点（Code Point）。而这些码位是用于表示字符的，又称为字符编码（Character Encode）。JavaScript 里是可以通过 \uxxxx 的形式来表示一个字符，例如：\u0061 表示字符 a。但是这种语法限于码点在 U+0000 ~ U+FFFF 之间的字符。超出这个范围的字符必须用两个字节来表示，例如：

```
console.log("\uD842\uDFB7");        //"吉"
//如果是一个字节表示
console.log("\u20BB7");             //"7"
```

ES6 针对上述情况增加了大括号来让字符正确解读，代码如下：

```
console.log("\u{20BB7}");
```

1.3.2   新增字符串方法

在 ES5 中，一般通过 indexOf 方法来判断一个字符串是否包含在另外一个字符串中。如果能够找到就会返回被查找字符串的索引位置，如果没有找到就会返还"−1"，如：

```
let str = "abcedfg";
console.log( str.indexOf("b"));     //1
console.log( str.indexOf("h"));     //-1
```

ES6 中新增了 includes()、startsWith()、endsWith()方法来查找字符串。

includes()：返还布尔值，表示是否找到了字符串。

startsWith()：返还布尔值，表示被检测字符串是否在源字符串的头部。

endsWith()：返还布尔值，表示被检测字符串是否在源字符串的结尾。

```
let str = "abcdefg";
console.log(str.includes("g"));        //true
console.log(str.includes("h"));        //false
console.log(str.startsWith("a"));      //true
console.log(str.startsWith("b"));      //false
console.log(str.endsWith("g"));        //true
console.log(str.endsWith("h")); //false
```

ES6 标准中也新增了 repeat()方法返回新的字符串将源字符串循环指定次数。例如：

```
let res =  "a".repeat(5);
console.log(res);          //aaaaa
```

1.3.3　模板字符串

ES5 标准中一般输出模板是通过字符串拼接的方式来进行的，例如：

```
let arr = [{
    name:"张三",
    age:20
},{
    name:"李四",
    age:23
},{
    name:"王二",
    age:25
}]
let str = "";
for(let i=0;i<arr.length;i++){
    str += "姓名是:"+arr[i].name+"年龄是:"+arr[i].age;
}
console.log(str);
```

在上述字符串拼接中注意单双引号的使用。如果遇到多行字符串的情况需要通过 "\n" 来手动换行。但是在 ES6 中可以通过模板字符串简化上述写法，模板字符串通过反引号来表示 "``"。如果要嵌入变量通过 "${}" 来实现：

```
let arr = [{
    name:"张三",
```

```
        age:20
    },{
        name:"李四",
        age:23
    },{
        name:"王二",
        age:25
    }]
    let str = "";
    for(let i=0;i<arr.length;i++){
        str += `姓名是:${arr[i].name}年龄是:${arr[i].age}`;
    }
    console.log(str);
```

模板字符串在使用过程中支持多行字符串，"${}"里可以接收三目运算符。遇到特殊字符同样需要通过"\"来进行转义：

```
    let obj = {name:"张三",age:20,checked:true}
    let str = `${obj.checked?`<input type="checkbox" checked />`:`<input type="
    checkbox" />`}
            <span>姓名是:${obj.name}</span>
            <span>年龄是:${obj.age}</span>
            `;
    document.querySelector("body").innerHTML = str;
```

1.4 Symbol

ES5 中提供的 6 种数据类型分别是：Undefined、Null、布尔值（Boolean）、字符串（String）、数值（Number）和对象（Object）。ES6 中新增一种数据类型 Symbol 来表示唯一的值。每一个创建的 symbol 都是唯一的，这样在实际运用中可以创建一些唯一的属性及定义私有变量。symbol 的创建如下：

```
    //直接创建
    let s1 = Symbol();
    //传入字符串创建 symbol
    let s2 = Symbol("mySymbol");
```

上述创建 symbol 后，调用时需要注意不像其他类型数据创建时需要加"new"运算符实例化，这里 symbol 都是直接调用函数。每个 symbol 都是独一无二的，类型是 Symbol，代码如下：

```
    let s1 = Symbol("mySymbol");
    let s2 = Symbol("mySymbol");
```

```
console.log(s1===s2);               //false
console.log(typeof s1);             //symbol
```

上述代码中，即使 Symbol 传入的字符串是一样的，但是最终 s1 和 s2 还是有区别的，这也验证了 symbol 的唯一性。目前前端项目都会采用模块化构建，为了防止对象属性名被覆盖，可以通过 symbol 来定义属性名。在 symbol 出来之前会直接定义对象属性名如下：

```
//a.js
let obj = {
    name:"张三",
    age:20
}
export default obj;
```

上述代码在引用过程中可能会在追加属性的时候造成属性覆盖的情况，如：

```
//b.js
import Obj from './a.js';
Obj.name = "李四"
console.log(Obj);   //{name: "李四", age: 20}
```

为了防止变量覆盖的情况，可以通过 symbol 来定义对象属性名，防止对象属性被覆盖：

```
//a.js
const NAME = Symbol("name");
let obj = {
    [NAME]:"张三",
    age:20
}
export default obj;
//b.js
import Obj from './a.js';
const NAME = Symbol("name");
Obj[NAME] = "李四";
console.log(Obj);   //{age: 20, Symbol(): "张三", Symbol(): "李四"}
```

这里也是利用 symbol 类型值唯一性的特征使得对象中属性不会被覆盖。利用 symbol 作为属性名，属性名不会被 Object. keys ( )、Object. getOwnPropertyNames ( )、for... in 循环或者返回。代码如下：

```
let obj = {
    [Symbol()]:"张三",
    age:20,
    height:"178cm"
}
```

```
for(let key in obj){
    console.log(key);                           //age、height
}
let keys =  Object.keys(obj);
console.log(keys);                              //["age", "height"]
console.log(Object.getOwnPropertyNames(obj));   //["age", "height"]
```

symbol 属性并不是私有属性，如果要获取属性名的 symbol 属性可以通过 Object. getOwnPropertySymbols( )获取对象的所有 symbol 属性，同样也可以通过 Reflect. ownKeys ( )反射 api 来获取属性，代码如下：

```
let obj = {
    [Symbol()]:"张三",
    [Symbol()]:"李四",
    height:"178cm"
}
console.log(Object.getOwnPropertySymbols(obj)); //[Symbol(), Symbol()]
console.log(Reflect.ownKeys(obj)); //["height", Symbol(), Symbol()]
```

同样可以在"类"里利用 symbol 来定义私有属性及方法，例如：

```
let People = (function () {
    let name = Symbol("name");
    class People {
        constructor(yourName) { //构造函数
            this[name] = yourName;
        }
        sayName() {
            console.log(this[name]);
        }
    }
    return People;
})();
let zhangsan   = new People("张三");
console.log(zhangsan[Symbol("name")]);          //undefined
zhangsan.sayName();                             //张三
```

1.5 函数

1.5.1 函数形参的默认值

很多情况下，需要在使用函数的时候给定默认参数，在 ES5 标准中一般会这样来做：

```
function fn(name,age,cb){
    name = name || "张三";
    age = age || 20;
    cb = cb || function(){}
    console.log(name,age);    //李四 20
}
fn("李四");
```

通过上面的代码可以解决多数情况下的需求，但是如果遇到 "age" 参数是 0 的情况，会发现 "age" 的值会变成默认值20，不符合预期，所以可以通过 typeof 来对代码做改进：

```
function fn(name,age,cb){
    name = typeof(name !== 'undefined')?name:"张三"
    age = typeof(age !== 'undefined')?age:20
    cb = typeof(cb !== 'undefined')?cb:function(){}
    console.log(name,age);            //李四 0
}
fn("李四",0);                          //李四   0
```

上述写法可以解决参数默认值的问题，但是写法上比较烦琐。针对这种情况，ES6 标准中提供参数默认值来简化上述过程，代码如下：

```
function fn(name="张三",age=20,cb=function(){}){
    console.log(name,age);  //李四 20
      cb();
}
fn("李四");
```

上述代码中，如果有参数传入，形参的值是传入的参数，如果没有参数传入，形参的值会是默认参数。在使用过程中有时候会出现第一个参数需要默认参数，第二个及后面的参数需要传入的情况。第一个参数可以传入 undefined 。代码如下：

```
function fn(name = "张三", age = 20, cb = function() {}) {
    console.log(name, age);            //张三 30
    cb();
}
fn(undefined, 30, function() {
    console.log("callback...");        //callback...
});
```

1.5.2　函数形参不定参数

在很多情况下，使用函数传参的时候，形参的数量是不固定的，这时候要获取参数值就会比较麻烦。在 ES5 标准中可以通过隐藏参数 arguments 来获取，此时会把所有参数放在

arguments 里。代码如下：

```
function fn() {
    console.log(arguments);
    console.log(arguments[0]);      //第一个参数
    console.log(arguments[1]);      //第二个参数
    console.log(arguments[2]);      //第三个参数
}
fn("张三", 20, "178cm");
```

上述写法在 ES6 中提供 rest 剩余参数来处理不定参问题，可以通过"…"来表示：

```
function fn(...arg) {
    console.log(arg);   //["张三", 20, "178cm"]
}
fn("张三", 20, "178cm");
```

在使用剩余参数的时候需要注意，每个函数只能声明一个剩余参数，且剩余参数必须在参数的末尾。那么在使用剩余参数的时候会对 arguments 隐藏参数产生影响吗？代码如下：

```
function fn(...arg) {
    console.log(arg) //[李四,30]
    console.log(arguments); //Arguments(2)[李四,30]
}
fn("李四", 30);
```

通过上述执行结果可以看出剩余参数对 arguments 是没有影响的。

1.5.3 箭头函数

在 ES5 标准中定义返还函数可以通过下列方式来实现：

```
let fn = function(arg) {
    return arg
}
console.log(fn("张三"));              //张三
```

在 ES6 标准中将上述写法通过箭头语法变得更加简单，代码如下：

```
let fn = arg=>arg;
console.log(fn("张三"));   //张三
```

箭头语法最大的特点是有箭头"=>"符号，当然箭头语法有很多变式写法。代码如下：

```
//没有参数,用括号代替
 let fn = () => "张三";
```

```
console.log(fn());
//一个参数括号可以省略;
let fn = arg => "李四";
console.log(fn());
//多个参数
 let fn = (arg1, arg2) => arg1 + arg2
 console.log(fn(1, 3));
```

同样也可以手动返还数据，例如：

```
let fn = arg => {
    return arg + 3;
}
console.log(fn(2));  //5
```

利用箭头语法里隐式返还的时候需要注意对象的情况，需要注意如下错误情况：

```
let fn = () => {
    name: "张三",
    age: 20
}
```

上面代码初步感觉是返还了一个对象，但是这里的大括号和函数里的大括号在含义上有冲突，系统会认为大括号是函数里的括号，而不是对象里的括号，导致报错。所以需要改成如下写法：

```
let fn = () => ({
    name: "张三",
    age: 20
})
console.log(fn())
```

箭头函数中还有个位置需要特别注意，就是箭头函数里没有 this 绑定，如下代码，this 指向对象本身：

```
let obj = {
    id: 2,
    fn: function() {
        console.log(this.id); //2
    }
}
obj.fn();
```

上面代码可以打印出 id 为 2，this 指向了 obj，所以 this.id 可以取到 obj.id。如果改成箭头语法会发现，函数中 this 指向改变了，代码如下：

```
let obj = {
```

```
        id: 2,
        fn: () => {
            console.log(this.id);  //undefined
        }
    }
obj.fn();
```

这里会发现 this. id 获取不到值，原因是箭头函数没有 this 绑定，箭头函数中的 this 会指向最近的上层 this，所以这里 this 的指向是 Window，所以最终取不到 this. id。同样在使用箭头语法的时候需要注意没有隐藏参数 arguments 的绑定，代码如下：

```
let fn = (arg1, arg2) => {
    console.log(arguments);  //arguments is not defined
    return arg1 + arg2;
}
fn();
```

1.6　类 class

1.6.1　类的基本语法

在 ES5 标准中通过构造函数来模拟类的功能，一般会定义一个构造函数 ，把一类功能做封装，通过 new 和运算符来调用，比如封装 "人" 类如下：

```
function Person(name) {
    this.name = name;
    this.age = 20
}
Person.prototype.fn = function() {
    console.log("fn...");
}
let zhangsan = new Person("张三");
console.log(zhangsan.name);          //张三
zhangsan.fn();                       //fn...
```

在 ES6 标准中提供 class 关键字来定义类，在写法上变得更加简洁，语义化更强，代码如下：

```
    class Person {
     constructor(name) {
        this.name = name;
```

```
        this.age = 20
    }
    fn() {
        console.log("fn...");
    }
}
let zhangsan = new Person("张三");
console.log(zhangsan.name);          //张三
zhangsan.fn();                       //fn...
```

上述写法中 Person 类的类型同样是函数类型，可以通过 typeof 来查看，this 同样指向实例化对象 zhangsan。fn 函数同样是在实例化对象原型上。创建属性的时候可以在构造函数里直接创建，同样也支持通过 getter、setter 在原型上定义属性。创建 getter 的时候需要用关键字 get，创建 setter 的时候需要用关键字 set。例如创建 age 属性：

```
    class Person {
    constructor(name) {
        this.name = name;
    }
    get age() {
        return 20;
    }
    set age(newValue) {
        console.log(newValue);
    }
}
let zhangsan = new Person();
console.log(zhangsan.age); //20;
```

1.6.2 静态成员

在 ES5 标准中静态成员，可以通过如下方式实现：

```
 function Person(name) {
    this.name = name;
    this.age = 20;
}
Person.num = 10;              //静态属性
Person.fn = function() {     //静态方法
    console.log("fn...");
}
let zhangsan = new Person();
```

在 ES6 标准中提供 static 关键字来声明静态成员：

```
class Person {
    static num = 20;          //静态属性
    constructor(name) {
        this.name = name;
        this.age = 20;
    }
    static fn() {             //静态方法
        console.log("fn...");
    }
}
let zhangsan = new Person();
Person.fn();
console.log(Person.num);
```

1.6.3　类的继承

在 ES5 标准中可以通过 call、apply、bind 来实现构造函数的继承，实现方式如下：

```
function Dad(name) {
    this.name = name;
    this.age = 20;
}

function Son(name) {
    Dad.call(this, name);
    //Dad.apply(this,[name]);
    //Dad.bind(this)(name);
    this.height = "178cm";
}
let zhangsan = new Son("张三");
console.log(zhangsan.name);
```

上述方式可以实现构造函数的继承，但是如果有方法在 Dad 原型上实现，还需要考虑原型的继承，单纯的原型赋值继承还会涉及传址问题，所以实现起来比较烦琐，针对这种情况 ES6 提供 extends 关键字来实现类的继承，具体代码如下：

```
class Dad {
    constructor(name) {
        this.name = name;
    }
    fn() {
```

```
            console.log("fn...")
        }
    }

    class Son extends Dad {
        constructor() {
            super();
        }
        hobby() {
            console.log("喜欢篮球");
        }
    }
    let zhangsan = new Son();
    zhangsan.fn();
```

在继承中需要注意，需要调用 super( ) 方法继承父类的构造函数。super( ) 在使用过程中需要注意以下两点。

1）在访问 this 之前一定要调用 super( )。

2）如果不调用 super( )，可以让子类构造函数返还一个对象。

同样在继承中静态成员也可以被继承，因为静态成员属于类自身，所以它的继承也是类本身的继承，实例化对象不能继承到静态成员，代码如下：

```
    class Person {
        static age = 20
        constructor(name) {
            this.name = name;
        }
    }
    class Son extends Person {
        constructor(name) {
            super(name);
        }
    }
    console.log(Son.age);              //20
    let zhangsan = new Son("张三");
    console.log(zhangsan.age);         //undefined
```

上述代码中可以看出，静态属性可以被子类所继承，但是如果是子类的实例化对象则不能被继承到。

1.7 异步编程

1.7.1 ES5 中的异步

JavaScript 引擎是基于事件循环的概念实现的，JavaScript 引擎会把任务放在一个任务队列中，通过事件循环机制一一执行任务队列里的任务，从第一个依次执行到最后一个。有些任务执行可能时间会比较长，如果等待时间比较长的任务执行完成之后再执行下一个任务就会影响用户体验，所以 JavaScript 在设计的时候就有了同步和异步。异步任务不进入主线程，而进入任务队列中的任务，只有任务队列通知主线程，某个异步任务可以执行了，这个任务才会进入主线程执行。异步任务在 ES5 标准中通过回调来解决执行顺序问题，代码如下：

```javascript
function asyncFn(cb) {
    setTimeout(() => {
        console.log("异步逻辑")
        cb && cb();
    }, 1000)
}
asyncFn(function() {
    console.log("执行完之后的回调打印...")
})
```

上述代码通过 setTimeout 模拟异步过程，想要异步逻辑执行完成之后再执行"执行完之后的回调打印..."，可以通过回调的方式来实现，把 function(){}作为 cb 参数传入异步逻辑中，在异步逻辑执行完成之后再执行回调函数，这样就可以实现执行之后执行打印逻辑。这种写法可以通过回调来控制异步执行问题，但是如果回调过多就会出现"回调地狱"的情况。如下：

```javascript
function asyncFn(cb) {
    setTimeout(() => {
        console.log("异步逻辑")
        cb && cb();
    }, 1000)
}
asyncFn(function() {
    console.log("第一次回调打印")
    asyncFn(function() {
        console.log("第二次回调打印")
        asyncFn(function() {
```

```
                    console.log("第三次回调打印")
            })
        })
    })
```

上述代码回调过多，如果逻辑比较复杂，会导致后期再更新维护的时候变得复杂，所以针对这种情况，ES6 标准中出现 Promise 来解决异步问题，可以将回调的写法变得更加简洁。

1.7.2   Promise 基本语法

首先 Promise 是系统中预定义的类，通过实例化可以得到 Promise 对象。Promise 对象会有三种状态，分别是 pending、resolved、rejected，代码如下：

```
let p1 = new Promise(function() {

});
console.log(p1);  //Promise {<pending>}

let p2 = new Promise(function(resolve, reject) {
    resolve("success...");
});
console.log(p2); //Promise {<resolved>: "success..."}

let p3 = new Promise(function(resolve, reject) {
    reject("reject...");
});
console.log(p3); //Promise {<rejected>: "reject..."}
```

上述代码中 Promise 回调函数里如果没有调取 resolve 或者 reject，那么就会返还一个 Pending 状态的 Promise 对象。如果调取了 resolve 函数就会返还一个 resolved 状态的 Promise 对象（在火狐上略有不同，会显示 fullfilled 状态的 Promise 对象）。如果调取了 reject 函数则会返还一个 rejected 状态的对象。每一个 Promise 对象都会有一个 then 方法，then 方法里会接收两个参数（可选），代码如下：

```
let p1 = new Promise(function(resolve, reject) {
    resolve("成功");
    //reject("失败")
})
p1.then(res => {
    console.log(res)           //成功
}, err => {
```

```
        console.log(err)
})
```

上述代码中如果调用 resolve 函数，在执行 then 的时候会执行到第一个成功的回调中去，如果调取 reject 函数则会执行到 then 的第二个错误的回调中去。当然 Promise 也提供 catch 方法来捕捉 reject 错误，代码如下：

```
let p = new Promise(function(resolve, reject) {
    reject("失败")
})
p.then(res => {
    console.log(res)
}).catch(err => {
    console.log(err);
})
```

使用 catch 的好处是如果有多个 then，会把最先报错的错误抛出到 catch 里面。这样在写法上更加简单。调用 then 函数之后会有三种返还值。

1）then 里没有返还值，会默认返还一个 Promise 对象。

2）then 里如果有返还值会将返还值包装成一个 Promise 对象返还。

3）如果返还的是 Promise 对象，then 函数也会直接返还原本的 Promise 对象。代码如下：

```
let p = new Promise((resolve, reject) => {
    resolve("success...");
})
let res1 = p.then(function() {

})
console.log(res1);      //then 里没有返还值,默认返还一个 Promise 对象
let p2 = new Promise((resolve, reject) => {
    resolve("success...");
})
let res2 = p2.then(function() {
    return "myValue"
})
console.log(res2);      //then 里有返还值,会返还一个 Promise 对象,且 PromiseValue 是
返还值
let p3 = new Promise((resolve, reject) => {
    resolve("success...")
})
let res3 = p3.then(function() {
    return new Promise((resolve, reject) => {
        resolve("some value");
    })
```

```
})
console.log(res3)      //返还原本的 promise 对象
```

1.7.3　Promise 处理异步问题

了解 Promise 基本用法之后就可以通过 Promise 来处理异步问题了，在写法上可以理解为，通过 Promise 里提供的 resolve 及 reject 替换原本处理异步的回调函数。这样可以使用 Promise 对象提供的 then 方法，由于每个 then 方法又会返还一个 Promise 对象，所以就可以实现 then 的链式调用，从而解决回调地狱的问题。代码如下：

```
function asyncFn() {
    return new Promise((resolve, reject) => {
        setTimeout(() => {
            console.log("异步逻辑")
            resolve("success...");
        }, 1000)
    })
}

asyncFn().then(res => {
    console.log(res);  //success...
}).catch(err => {
    console.log(err);
})
```

涉及多个异步逻辑的时候就可以使用 then 的链式操作，代码如下：

```
function asyncFn() {
    return new Promise((resolve, reject) => {
        setTimeout(() => {
            console.log("异步逻辑")
            resolve("success...")
        }, 1000)
    })
}
asyncFn().then(res => {
    console.log(res);
    return asyncFn();
}).then(res => {
    console.log(res);
    return asyncFn();
}).then(res => {
```

```
        console.log(res)
    })
```

通过上述代码可以看出通过 Promise 及 then 的返还特性将异步改写成 then 的链式操作，这样就避免了回调地狱的情况，写法上也变得更加优雅。在 ES7 标准中新增了 async 及 await 使上述 Promise 变得更加简单和易用，如果不考虑兼容性，或者有自动化工具的情况下，建议使用 async 和 await 写法，让代码变得更易懂简单，代码如下：

```
function asyncFn() {
    return new Promise((resolve, reject) => {
        setTimeout(() => {
            console.log("异步逻辑")
            resolve("success...")
        }, 1000)
    })
}

async function fn() {
    let res1 = await asyncFn();
    console.log(res1);  //success...
    let res2 = await asyncFn();
    console.log(res2); //success...
    let res3 = await asyncFn();
    console.log(res3); //success...
}
fn();
```

上述代码中通过 async 和 await 将 Promise 链式操作改写成同步写法，让代码在可读性及可维护性上变得更加简单。

1.7.4　Promise 里的其他方法

在 Promise 类上提供静态方法创建 Promise 对象，可以通过 Promise.resolve 来创建一个 resolved 状态的 Promise 对象，也可以通过 Promise.reject 来创建一个 rejected 状态的 Promise 对象。代码如下：

```
let p1 = Promise.resolve("resolved...");
console.log(p1); //Promise {<resolved>: "resolved..."}

let p2 = Promise.reject("rejected...");
console.log(p2); //Promise {<rejected>: "rejected..."}
```

同样也可以通过 Promise.all 来执行多个 Promise 对象，代码如下：

```
        let p1 = new Promise(resolve => {
        resolve("p1...")
    })
let p2 = new Promise(resolve => {
    resolve("p2...")
})
let p3 = new Promise(resolve => {
    resolve("p3...")
})
Promise.all([p1, p2, p3]).then(res => {
    console.log(res);  // ["p1...", "p2...", "p3..."]
})
```

使用 Promise. all( )函数时需要注意，接收的参数是一个数组，当所有 Promise 对象都执行成功之后才会拿到执行结果的数组。Promise. race( )方法则不同，会返还最先执行的结果，无论成功还是失败 。

```
let p1 = new Promise((resolve, reject) => {
    setTimeout(() => {
        resolve("p1...")
    }, 3000)
})
let p2 = new Promise((resolve, reject) => {
    setTimeout(() => {
        resolve("p2...")
    }, 1000)
})
let p3 = new Promise(resolve => {
    setTimeout(() => {
        resolve("p3...")
    }, 2000)
})
Promise.race([p1, p2, p3]).then(res => {
  console.log(res); //p2...
}).catch(err => {
  console.log(err);
})
```

上述代码中，三个异步 Promise 对象中 p2 会执行得最快，所以 then 回调里得到的就是 p2 的执行结果。

1.8 模块化

由于前端代码规模逐渐庞大，代码逻辑逐渐复杂，模块化概念逐渐引入到前端工程中。通过 script 标签引入代码块的方式会造成一个很大的问题就是变量污染，所以在 ES5 标准中会采取 AMD、CMD 来实现前端的模块化。比较典型的框架就是 sea.js 以及 require.js。在 ES6 标准出现后，提供了自己的模块化方式。当然如果要使用 ES6 标准中的模块化工具，必须在 script 标签里声明 type = "module"。代码如下：

```
<script type = "module"></script>
```

1.8.1 导入导出基本使用

在 ES6 标准中导出用关键字 export 或者 export default；导入用 import... from...。代码如下：

```
//a.js
console.log("我是 a 模块");
let obj = {
    name: "张三",
    age: 20
}
export let a = 10;          //导出 a 变量
export default obj;         //默认导出 obj 对象

//index.html
<script type = "module">
    import A,{a} from './a.js';
    console.log(A,a);       //{name:"张三",age:20}  10
</script>
```

上述代码中，a 模块中导出了变量 a 的同时默认导出了 obj 对象。这里需要注意，export 导出是可以导出多个的，然后 export default 在每个模块中只能导出一个。导入的对应关系也需要注意，通过 export 导出的需要通过大括号解构变量，如代码中的 {a}。然而通过 export default 导出的可以自定义变量来接收参数，如代码中的 A 变量对应的就是导出的 obj 对象。

1.8.2 导入导出变式写法

除了上面描述的模块的基本写法之外，导入导出当然还有很多变式写法。在导出的过程中可以导出多个，并且可以通过 as 来默认导出。如下：

```
//a 模块
console.log("我是 a 模块");
export let a = 10;
export let b = 20;
export {                        //默认导出
    obj as
    default
};

//index.html
<script type="module">
    import A,{a,b} from'./a.js';
    console.log(A,a,b);         //{name: "张三"} 10 20
</script>
```

同样在导入导出时都可以通过"as"关键字来起别名，代码如下：

```
//a.js
let a = 10;
let obj = {
    name: "张三"
}
export { a as c };
export default obj;

//index.html
<script type="module">
import A,{c as d} from'./a.js';
console.log(A,d); //{name: "张三"} 10
</script>
```

上述代码中将 a 变量以 c 变量的名称导出，同时导入的过程中将 c 起别名 d 来导入。在导入过程中也可以通过通配符将所有导出全部获取，代码如下：

```
import * as obj from'./a.js';
console.log(obj); //Module  c:10  default:Object
```

1.8.3 按需导入

在使用 ES6 模块化导入模块的时候，会发现在页面加载的时候就会加载导入的模块文件。很多情况下需要延迟导入，当需要加载的时候再加载对应的模块来节约性能。这时可以通过 import( )函数来实现，代码如下：

```
document.onclick = function(){
    import("./a.js").then(res=>{
            console.log(res);
    })
}
```

import( )函数会返还一个 promise 对象，所以可以调取 then 方法通过回调拿到导出的结果。同样可以通过 async 和 await 改造上述写法：

```
document.onclick =async function(){
    let res = await import("./fn.js");
    console.log(res);
}
```

1.9　Set 和 Map 集合

在 ES5 标准中通过对象及数组来表示数据。ES6 标准中提供新的数据结构来表示数据，那就是 Set 和 Map。Set 集合，是一种无重复元素的列表，而 Map 集合是键值对的集合。

1.9.1　Set 集合

ES6 标准中提供 Set 构造函数来创建集合。通过 add( )方法向集合中添加元素，访问集合的 size 属性可以获取集合中目前的元素数量。代码如下：

```
let set = new Set();
set.add(1);
set.add(2);
console.log(set);            //Set(2) {1, 2}
console.log(set.size);       //2
```

同样可以通过 delete( )方法删除 Set 集合中的某一个元素，调用 clear( )方法移除集合中的所有元素，has 方法判断是否有某个元素。代码如下：

```
//删除某个元素
let set = new Set();
set.add(1);
set.add(2);
set.delete(2);
console.log(set);               //Set(1) {1}

//删除所有元素
```

```
let set = new Set();
set.add(1);
set.add(2);
set.clear();
console.log(set);                //Set(0) {}


//判断是否有某个元素
let set = new Set();
set.add(1);
set.add(2);
console.log(set.has(4));     //false
```

一般可以通过 set 不可重复的属性来做去重的处理。例如将 [1,2,3,3,4,5,2,6] 数组中相同的元素去重，代码如下：

```
let arr = [1, 2, 3, 3, 4, 5, 2, 6];
//将数组转换成集合;
let set = new Set(arr);
console.log(set);  //Set(6) {1, 2, 3, 4, 5, 6}
//将集合转换成数组
let newArr = [...set];
console.log(newArr); //[1, 2, 3, 4, 5, 6]
```

1.9.2　Map 集合

Map 类型是有键值对的集合，可以通过 Map 构造函数来创建。通过 set() 函数来添加键名和键值。如果想获取某个属性名可以通过 get() 方法，代码如下：

```
let map = new Map();
map.set("name", "张三");
map.set("age", 20);
console.log(map);              //Map(2) {"name" => "张三", "age" => 20}
console.log(map.get('age')); //20
```

同样 Map 集合也支持 has()、delete()、clear() 方法。代码如下：

```
let map = new Map();
map.set("name", "张三");
map.set("age", 20);
console.log(map.has("name"));           //true
map.delete("name");
console.log(map);                       //Map(1) {"age" => 20}
map.clear();
console.log(map);                       //Map(0) {}
```

1.10　小结

在 JavaScript 中 ES6 标准引入了很多新的语法，更改算是比较大的一次。在实际开发中 ES6 标准的引入会让代码写法更加简洁更加优雅。目前 JavaScript 开发已经离不开 ES6 标准，所以学好 ES6 是学好前端的基石。本节通过案例阐述了 ES6 的基础语法，学好本节内容，可以为后期使用框架及开发应用打好基础。

扫一扫观看串讲视频

第 2 章

React 详解

React 技术栈是当下前端最火的渐进式框架之一，起源于 Facebook 的内部项目，于 2013 年在 github 上开源。本章详细讲解 React 技术栈的使用和源码，主要学习 React 技术栈的核心内容。

2.1   为什么使用 React

React 是一个用于构建用户界面的 JavaScript 库，具有组件化、声明式等优点，另外由于其优秀的 DOM 性能优化，使其一面世就广受用户追捧。

本章从专注于视图层、组件化开发和声明式编程、Virtual DOM 几个特征来说明为什么使用 React。

注： 单纯的 React.js 只是一个 JS 库，而其整个技术栈就是一个渐进式的框架。渐进式框架：主张最少，也就是可以只用它其中的一部分，比如，开始搭建项目时，开发者只需要用到 React，就可以只引入 React，当项目有了新的需求之后，可以再引入其他的类库，如路由库、状态管理库等。

2.1.1   专注于视图层

在编写前端项目的时候，经常会涉及对 DOM 的操作。开始时用户都是使用原生 JS 直接去操作 DOM 节点，但是原生 API 实在不好用并且还有很多兼容方面的问题，所以 jQuery 就横空出世了。

很长一段时间内，JQuery 以其简洁的 API 俘获着前端开发者的心。但 JQuery 只是简化了 DOM 操作，在性能优化上并没有做什么处理。随着前端的业务越来越复杂，想要写出如微博这些交互比较复杂的页面，JQuery 就远远不够了，React 正是在这种背景下诞生的。

React 专注于 View 层的解决方案，Facebook 官方也说 React 就是一个 View 层，也就是视图层。什么意思呢？就是在使用 React 的时候，只要告诉 React 需要的视图长什么样，或者告诉 React 在什么时间点，把视图更新成什么样就可以了，剩下的视图的渲染、性能的优化等一系列问题交给 React 搞定即可。

2.1.2   组件化开发和声明式编程

在 React 中，通常会把视图抽象成一个个组件，如 Button 按钮组件、Menu 菜单组件、List 列表组件等，然后通过组件的自由结合来拼成完整的视图。这种操作可以极大提升开发效率，后期维护和相关的测试也都十分便捷。

在传统的项目开发中，通常采取命令式的编程方式。下面通过留言板这个案例来看看之前的编写方式，这个案例中先暂时不考虑输入框，只看留言添加部分，具体代码如下：

Html：

```
<button id="btn">添加一条新留言</button>
<ul id="list">
    <li>默认留言-1</li>
    <li>默认留言-2</li>
</ul>
```

JavaScript：

```javascript
let btn = document.querySelector("#btn");
let list = document.querySelector("#list");
btn.onclick = function(){
    //获取新留言
    letnewMessage = "新的留言";
    let newLi = document.createElement("li");
    newLi.innerHTML = newMessage;
    list.appendChild(newLi);
};
```

在实现的过程中，可以看到操作过程是一步一步地给程序下命令：

1）获取新留言。

2）创建一个新的 li 标签。

3）把留言内容放入 li。

4）把生成的 li 放入 list。

这种一步一步下命令的方式就称为命令式编程，这个过程还是比较烦琐的，尤其程序逻辑比较复杂时需要编写大量的代码。

而 React 遵从的是声明式编程，声明式和命令式有什么区别？简单的总结：命令式编程注重过程，开发者需要告诉程序每步要怎么做；声明式编程注重结果，直接告诉程序要什么。同样以留言板为例，来看看利用 React 怎么来实现，具体代码如下：

```javascript
function Message(){
    let [messageData,setData] =
    React.useState([{
        id:1,
        message:"默认留言-1"
    },{
        id:2,
        message:"默认留言-2"
    }]);
    return<div>
        <button
            id="btn"
            onClick={()=>{
              messageData.push({
                 id:Date.now(),
                 message:"新的留言"
              });
              setData([...messageData]);
            }}
```

```
    >添加一条新留言</button>
    <ul id="list">
    {
        messageData.map(itemData=>{
          return <li key={itemData.id}>{itemData.message}</li>
        })
    }
   </ul>
</div>
}
```

Message 就是一个最基础的 React 组件。该组件中，先在 useState 中定义了数据模型（[{id:1,……},……]），然后在 return 后定义了要输出的视图（<div>……</div>），同时在视图中定义好了数据模型和视图的关系。单击按钮时只是修改了数据，React 会帮助开发者进行视图的修改。

在这个过程中并没有一步一步命令 React 要怎么做，只是告诉 React 数据模型长什么样式，视图长什么样式，数据和视图之前的关系是怎样的，最终就完成了整个程序。这种编程方式就是声明式编程。

从这里看到，声明式编程逻辑更加清晰，代码更加容易阅读，当然后期维护也会更加容易。

2.1.3 Virtual DOM

在留言板的案例中，可以看到 React 采取声明式编程使逻辑更加清晰易懂，除此之外也可以看到一部分 React 的工作方式：建立 state，根据 state 生成视图，修改 state，生成新的 state，根据新 state 生成视图。

如图 2-1 所示，在这个过程中，只要对 state 进行修改，React 就会重新渲染视图。那大量的 DOM 操作会对页面性能造成影响吗？这就涉及 React 中的一项核心技术——虚拟 DOM（Virtual DOM）。

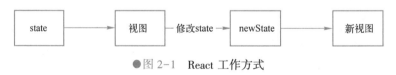

●图 2-1　React 工作方式

在 React 中，每一个组件都会生成一个虚拟 DOM 树。这个 DOM 树会以纯对象的方式来对视图（真实 DOM）进行描述，如图 2-2 所示，可以看到虚拟 DOM 树是如何来描述 DOM 结构的。

React 会根据组件生成的虚拟 DOM 来生成真实的 DOM。组件中的数据变化后，组件又会生成一个新的虚拟 DOM，React 会对新旧虚拟 DOM 进行对比，找出发生变化的节点，然后只针对发生变化的节点进行重新渲染，这样就极大提升了重新渲染的性能。

●图 2-2 虚拟 DOM

本节讲述了 React 的一些基本特性：专注于视图层、组件化开发、声明式编程以及基于虚拟 DOM 的视图更新。这些特性可以给开发带来极大的便利，另外也使代码性能有了大幅度的提升，这也是 React 会受到用户追捧的核心原因。

2.2　ReactDOM

从这一小节开始，正式进入 React 的学习。如何使用 React？虚拟 DOM 又该如何放入到真实的 DOM 当中？

2.2.1　React 引入方式

在项目中引入 React 有两种方式，一种是通过模块化的方式进行引入，但这种方式，需要配置一些开发环境，稍后再进行介绍。另外一种引入方式是直接在页面上通过 script 引入，具体示例如下：

```
<script src="js/react.js"></script>
<script src="js/react-dom.js"></script>
```

在这里引入两个 JS 文件，react. js 是 React 的核心文件，如组件、Hooks、虚拟 DOM 等，都在这个文件中。react-dom. js 则是对真实 DOM 的相关操作，如将虚拟 DOM 渲染到真实 DOM 里，或者从真实 DOM 中获取节点。

2.2.2　ReactDOM

ReactDOM 对象是 react-dom. js 提供的一个用于进行 DOM 操作的对象，在该对象下有一系列 API 用于操作 DOM。在 React 中需要和真实的 DOM 打交道时都需要通过 ReactDOM 的 API 进行。当然也可以使用一些原生 DOM 的 API，但并不推荐这么做。

使用 ReactDOM 要注意 react-dom. js 依赖于 react. js，在引用的时候一定先引入

react. js。接下来具体看一下 ReactDOM 提供的 API，如果读者是刚刚开始学习 React，只需要学习 render 方法就够了，其他方法可以在后期学习中补充了解。

1. render

```
ReactDOM.render(element, container[, callback])
```

render 方法是 ReactDOM 在开发时唯一常用的 API。render 方法用于将 React 生成的虚拟 DOM 生成到真实的 DOM 中去。

element 是 React 生成的虚拟 DOM，也叫作 ReactElement 或 ReactNode。除此之外也可以使用字符串去实现。

container 要放置在 element 的容器中，它必须是一个已经存在的真实 DOM 节点。

callback 是将 ReactNode 渲染到 container 之后的回调函数。

完整的 render 方法使用，可参考下列代码：

```
<script src="js/react.js"></script>
<script src="js/react-dom.js"></script>
<div id="root"></div>
<script>
    ReactDOM.render(
        "Hello React",
        document.querySelector("#root"),
        ()=>{
            console.log("渲染完成了");
        }
    );
</script>
```

这里将"Hello React"这段字符串渲染到了 #root 这个 div 中，当然也可以利用 React-Node 做更复杂的结构渲染，后文中会详细介绍。

render 方法通常用来渲染整个项目的根组件，其他组件都在根组件中一层层调用。在使用 render 方法时要注意 container 中如果有其他子内容都会被替换掉。另外 render 方法并不会修改 container 的其他特性，只是修改 container 的内容。

2. hydrate

```
ReactDOM.hydrate(element, container[, callback])
```

上述代码展示了 hydrate 的参数，它一般配合 React SSR（服务端渲染）时使用。hydrate 作用于 ReactDOM 复用 ReactDOMServer 服务端渲染的内容时，能够尽可能保留其结构，并补充事件绑定等特性，它在单纯的 Web 端并不常用，就不过多介绍了。

3. findDOMNode

```
ReactDOM.findDOMNode(Component)
```

Component 指的是 React 组件，如果该组件已经渲染到 DOM 中，可以通过 findDOMNode 获取真实的 DOM。这里要注意实际开发时并不鼓励开发者直接用 findDOMNode

方法来获取 DOM。后文中会讲解到 React 的 ref 属性，如果需要获取真实 DOM 节点，请使用 ref。

4. unmountComponentAtNode

```
ReactDOM.unmountComponentAtNode(container)
```

container 类似于 render 方法中的 container，一个真实的 DOM 节点。unmountComponent-AtNode 方法用于 container 中删除已安装的 React 组件并清理其事件处理程序和状态。如果在容器中没有安装组件，调用这个函数则无任何反应。如果组件已经卸载，则返回 true；如果组件未卸载，则返回 false。具体代码如下：

```
<script src="js/react.js"></script>
<script src="js/react-dom.js"></script>
<div id="root"></div>
<script>
    ReactDOM.render(
        "Hello React",
        document.querySelector("#root"),
        ()=>{
            console.log("渲染完成了");
        }
    );
    setTimeout(()=>{
        ReactDOM.unmountComponentAtNode(document.querySelector("#root"));
    },3000)
</script>
```

5. createPortal

```
ReactDOM.createPortal(reactNode, newContainer)
```

createPortal 方法用于将节点添加到一个新的容器中，而非父组件归属的容器 newContainer，和 container 一样，容器也必须是一个真实的 DOM 节点。具体代码如下：

```
<script src="js/react.js"></script>
<script src="js/react-dom.js"></script>
<script src="js/babel.js"></script>
<div id="root"></div>
<div id="box"></div>
<script type="text/babel">
function Child(){
return ReactDOM.createPortal(
<p>开课吧欢迎你</p>,
document.querySelector("#box")
)
```

```
}
function App(){ return <div>
<h1>Hello React</h1>
<Child />
</div>;
}
ReactDOM.render(
<App/>,
document.querySelector("#root")
);
</script>
```

在该案例中，App 组件中的内容是在 #root 元素中渲染的，但是 App 的子组件 Child 希望在 #box 中渲染内容，这时就需要使用 createPortal 方法来设置让 Child 中的内容渲染到#box 中。

> **注意：**
>
> 除了 render 方法之外，不建议读者直接在项目中使用这些 API，并且在实际项目中一般也没有使用 render 以外的 API 的需求。

2.3　React 视图渲染

构建视图一直是 React 的重点，从 createElement 到 JSX，React 构建视图的方法一直深受开发者喜爱。

2.3.1　ReactElement

当需要用 React 创建虚拟 DOM 时，React 专门提供了一个方法 createElement( )。注意该方法并非是原生 DOM 中的 createElement。具体使用方法如下：

```
React.createElement(type,congfig,children);
```

该方法区别于上文中讲的 ReactDOM，它属于 React 对象，不要混淆。利用 createElement 方法，就可以来创建 ReactElement，也就是 React 中的虚拟 DOM。具体参数如下。

1）type 要创建的标签类型。如要创建的是个 div 标签，则写 React. createElement ("div")，一定注意 type 的类型是一个字符串。

2）congfig 参数是设置生成的节点的相关属性，这里要注意 congfig 的类型是一个纯对象，具体代码如下：

```
React.createElement( "h1",{
    id: "title",
    className: "title",
```

```
        title: "前端笔记",
        style:{
            width: "100px",
            height: "100px",
            background: "red"
        }
});
```

在使用 congfig 的时候，有两个问题需要注意。

① 没有属性需要定义，但又需要传递 children 参数时，congfig 可以给 null，React. createElement("h1",null,"hello React")。

② congfig 中有两个固定的参数 key 和 ref，最好不要乱用，后续章节会详细讲到。

3）children 代表该元素的内容或者子元素。具体有三种不同的写法。

① children 是字符串时，则代表在元素里添加文本内容，如：

React. createElement("h1",null,"hello React")，最终渲染到 DOM 里的内容为

```
<h1>hello React</h1>
```

② children 是数组时，则会把数组中的内容展开放入元素中，如：

React. createElement("h1",null,["hello React"])，最终渲染到 DOM 里的内容为

```
<h1>hello React</h1>
```

当然这里也可以在数组中放入新的 ReactElement，具体代码如下：

```
<script src="js/react.js"></script>
<script src="js/react-dom.js"></script>
<div id="root"></div>
<script>
let h1 = React.createElement("h1",null,"Hello React");
let p = React.createElement("p",null,"欢迎大家学习 React");
let header = React.createElement("header",null,[h1,p]);
ReactDOM.render(
    header, document.querySelector("#root")
);
</script>
```

最终生成结果如下：

```
<header>
    <h1>Hello React</h1>
    <p>欢迎大家学习 React</p>
</header>
```

③ children 是 ReactElement 时，会直接当作元素的子节点进行添加。需要添加多个子元素时，可以一直跟在后边写。具体代码如下：

```
let h1 = React.createElement("h1",null,"Hello React");
let p = React.createElement("p",null,"欢迎读者学习 React");
let header = React.createElement("header",null,h1,p);
ReactDOM.render(header, document.querySelector("#root"));
```

上述代码的展示效果跟数组的案例并没有什么不同，就不再过多复述。通过 createElement 已经可以正常来构建视图了，但是利用 createElement 构建视图时，如果视图结构特别复杂，写起来就特别麻烦，而且结果极其不清晰。具体代码如下：

```
<div id="root"></div>
<script>
let Title = React.createElement("h1",null,"页面标题");
let Header = React.createElement("header",null,Title);
let Sider = React.createElement("aside",null,"侧边栏");
let Content = React.createElement("article",null,"页面内容");
let Main = React.createElement("div",null,Sider,Content);
let Footer = React.createElement("footer",null,"页面底部");
let Page = React.createElement("div",null,Header,Main,Footer);
ReactDOM.render(
    Page,
    document.getElementById("root")
);
</script>
```

生成结果如下：

```
<div id="root">
  <div>
    <header>
        <h1>页面标题</h1>
    </header>
    <div>
        <aside>侧边栏</aside>
        <article>页面内容</article>
    </div>
    <footer>页面底部</footer>
  </div>
</div>
```

通过上述 demo 可以看到一个比较复杂视图的编写，但是这种代码从层级结构上来看极其不清晰，所以在真正开发时不推荐使用 ReactElement 的这种方式来编写视图。React 中提供了一个编写视图的神器 JSX。

2. 3. 2 JSX

JSX 是什么呢？展开来说就是 JavaScript + XML，是一个看起来很像 XML 的 JavaScript 语法扩展。具体代码如下：

```
ReactDOM.render(
  <div>
    <header>
      <h1>页面标题</h1>
    </header>
    <div>
      <aside>侧边栏</aside>
      <article>页面内容</article>
    </div>
    <footer>页面底部</footer>
  </div>,
  document.getElementById("root")
);
```

从上述示例中可以看到，可以直接在 JS 中利用前端开发者熟悉的 html 标签来构建视图，这样的代码结构层级非常清晰，也便于维护，当然上手也更便捷。但是在使用 JSX 的时候，还有些问题需要开发人员注意。

JSX 是 JS 的语法扩展，但是浏览器并不识别这些扩展，所以需要借助 babel. js 来对 JSX 进行编译，使其成为浏览器识别的语法，也就是 React. createElement，具体用法如下：

```
<div id="root"></div>
<script src="js/babel.js"></script>
<script type="text/babel">
  ReactDOM.render(
    <div>
      <header>
        <h1>页面标题</h1>
      </header>
      <div>
        <aside>侧边栏</aside>
        <article>页面内容</article>
      </div>
      <footer>页面底部</footer>
    </div>,
    document.getElementById("root")
  );
</script>
```

这里有两点需要注意：使用 JSX 时必须引用 babel 对代码进行编译；该 script 标签内的代码需要使用 babel 编译时，必须设置 type="text/babel"。上述代码经过 babel 编译之后的代码如下：

```
<script>
"use strict";
ReactDOM.render(React.createElement("div", null,
  React.createElement("header",null,
    React.createElement("h1", null, "\u9875\u9762\u6807\u9898")),
    React.createElement("div", null,
      React.createElement("aside", null, "\u4FA7\u8FB9\u680F"),
      React.createElement("article", null, "\u9875\u9762\u5185\u5BB9")
    ),
    React.createElement("footer", null, "\u9875\u9762\u5E95\u90E8")
),
document.getElementById("root"));
```

JSX 本身是一个值，这个值是一个 ReactElement，而非字符串。在编写的时候一定要注意，如果给一个字符串类型的值时，代码如下：

```
ReactDOM.render(
  '<h1>hello React</h1>',
  document.getElementById("root")
);
```

最终在视图上 h1 并不会被解析成一个标签，而是解析成文本内容。这里主要是因为 JSX 在解析的时候会被编译，字符串内容会进行转义，这样在设置 innerHTML 的时候，就不会被解析成标签了，最终呈现结果如图 2-3 所示。

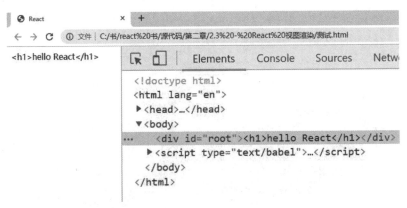

●图 2-3　最终呈现结果

1. 插值表达式

使用 JSX 时，如果需要视图和数据进行绑定，就需要使用插值表达式，也就是在视图中去插入数据。写法跟 ES6 中的模板字符串类似，不过用的是 {数据}，而非 ${数据}。示例如下：

```
let a = "Hello";
let b = "React";
ReactDOM.render(
  <h1>{a + b}</h1>,
  document.getElementById("root")
);
```

在使用插值表达式时，要注意以下几个问题。

1）{{}}中，接收一个 JS 表达式，可以是运算式，变量或函数调用等。表达式的意思就是这个语句一定会有一个值返回，而插值的意思就是把表达式计算得到的值插入到视图中去。

2）{{}}中，接收的是函数调用时，该函数需要有返回值。明确了 {{}} 中可以放什么样的代码之后，再来看看各种不同类型的数据，在插值之后去渲染视图的表现。

3）字符串、数字：原样输出。如：

```
<h1>{"苹果"}的价格是{5}元/斤</h1>
```

最后可以得到：

```
<h1>苹果的价格是 5 元/斤</h1>
```

4）布尔值、空、未定义：输出空值，也不会有错误。如：

```
<h1>Hello {undefined}</h1>
```

最后可以得到：

```
<h1>Hello </h1>
```

5）数组：支持直接输出，默认情况下把数组的连接符"，"替换成空，然后直接输出。如下例：

```
let arr = [
  "选项 1",
  "选项 2",
  "选项 3"
];
ReactDOM.render(
  <div>{arr}</div>,
  document.getElementById("root")
);
```

输出结果为

```
<div>选项 1 选项 2 选项 3</div>
```

6）对象：不能直接输出，但是可以通过其他方式，如 Object. values、Object. keys 等方法去解析对象，转换成数组之后进行输出。示例如下：

```
let obj = {
  name: "开课吧",
  age: 100
};
ReactDOM.render(
  <div>{Object.keys(obj)}</div>,
  document.getElementById("root")
);
```

输出结果为

```
<div>nameage</div>
```

了解了不同类型的数据在插值中的输出之后，来学习一些比较特殊的渲染情况。

1）列表渲染。所谓的列表渲染，就是需要把数据批量渲染到 JSX 中，示例如下：

```
letarr = [
  "列表1",
  "列表2",
  "列表3"
];
ReactDOM.render(
  <ul>{ arr.map(item=><li>{item}</li>) }</ul>,
  document.getElementById("root")
);
```

输出结果为

```
<ul>
  <li>列表1</li>
  <li>列表2</li>
  <li>列表3</li>
</ul>
```

这里利用 JSX 可以插入数组的特性，利用数组在这里进行批量渲染。在开发环境下有些用户可能会看到这里有一个关于 key 的错误，这个问题在后面的章节会详细地进行讲解。

2）条件渲染。有些时候，React 需要根据不同的情况来渲染不同的内容，但是在插值中不能直接使用 if 语句，该怎么处理这个问题？有以下几种选择。

① && 与运算符。&& 运算有一个特征，左侧的运算结果为 true 时返回右侧内容。示例如下：

```
let age = 18;
ReactDOM.render(
  <div>{ age>=18&&<p>成年人</p> }</div>,
```

```
    document.getElementById("root")
);
```

在该示例中，如果 age 的数值>=18 才会输出：

```
<p>成年人</p>
```

否则不做任何输出。

② ‖ 或运算符。‖ 运算的特征和 && 相反，左侧的运算结果为 false 时，返回右侧内容。如下：

```
let age = 10;
ReactDOM.render(
  <div>{ age>=18 ‖ <p>未成年</p> }</div>,
  document.getElementById("root")
);
```

在该示例中，如果 age 的数值>=18 不做任何输出，否则输出：

```
<p>未成年</p>
```

③ 三目运算。示例如下：

```
let age = 18;
ReactDOM.render(
  <div>{age>=18?<p>成年人</p>:<p>未成年</p>}</div>,
  document.getElementById("root")
);
```

在示例中，如果 age>=18 则输出：

```
<p>成年人</p>
```

否则输出：

```
<p>未成年</p>
```

④ 在逻辑特别复杂的情况下，也可以借用函数。在函数里进行相关的处理，最后把处理结果返回即可。示例如下：

```
function setAge(age) {
  if(age < 12){
    return <p>儿童</p>
  } elseif(age < 18){
    return <p>少年</p>
  } elseif(age < 30){
    return <p>青年</p>
  } elseif(age < 50){
    return <p>壮年</p>
```

```
    }
    return <p>老年</p>
}
ReactDOM.render(
    <div>{setAge(18)}</div>,
    document.getElementById("root")
);
```

2. JSX 属性书写

通过 JSX 已经可以正常去编写视图了，但编写视图时肯定还需要去添加一些相应的属性，如 class、id、type 等。但要注意 JSX 并不是真正的 HTML，所以书写时还是有一些注意事项。

1）所有的属性名都使用驼峰命名法。

2）如果属性值是字符串并且是固定不变的，则可以直接写，如：

```
<h1 id="logo">开课吧</h1>
```

3）如果属性值是非字符串类型，或者是动态的，则必须用插值表单式。如：

```
let title = "React 笔记";
ReactDOM.render(
  <h1 title={title}>React 笔记</h1>,
  document.getElementById("root")
);
```

4）有一些特殊的属性名并不能直接用，具体如下：

① class 属性改为 className。如：

```
<h1className="title">开课吧</h1>
```

② for 属性改为 htmlFor。

③ colspan 属性改为 colSpan。

5）style 在书写的时候要注意它接收的值是个对象，示例如下：

```
let style = {
  borderBottom: "1px solid #000"
}
ReactDOM.render(
  <h1 style={style}>React 学习</h1>,
  document.getElementById("root")
);
```

这里可以看到 style 的值是个插值，接收的是一个对象。除了单独声明变量外，也可以直接简写成下例所示：

```
ReactDOM.render(
  <h1 style={{
```

```
    borderBottom: "1px solid #000"
  }}>React 学习 </h1>,
  document.getElementById("root")
);
```

这里是直接把对象写进了插值里。

3. JSX 注意事项

前文中详细讲解了 JSX 的使用，不过真正使用 JSX 的时候，还需要注意它的一些问题，下面对 JSX 的使用问题进行一个汇总。

1）浏览器并不支持 JSX，在使用时要使用 babel 编译。

2）JSX 不要写成字符串，否则标签会被当作文本直接输出。

3）JSX 是一个值，在输出时只能有一个顶层标签，示例如下：

```
ReactDOM.render(
  <header>
    <h1>页面标题</h1>
  </header>
  <div>
    <aside>侧边栏</aside>
    <article>页面内容</article>
  </div>
  <footer>页面底部</footer>,
  document.getElementById("root")
);
```

该例子中，JSX 输出了三个顶层标签 header、div、footer，这样运行时就会报错。如果 JSX 的顶层标签不希望在 DOM 中被解析出来，则可以使用 <React. Fragment ></React. Fragment> 作为顶层标签。Fragment 是 React 提供的一个容器组件，它本身并不会在真实的 DOM 中渲染出来。利用 Fragment 对上述案例进行修改，具体代码如下：

```
<div id="root"></div>
<script type="text/babel">
  ReactDOM.render(
    <div>
      <header>
        <h1>页面标题</h1>
      </header>
      <div>
        <aside>侧边栏</aside>
        <article>页面内容</article>
      </div>
      <footer>页面底部</footer>
    </div>,
    document.getElementById("root")
```

```
);
</script>
```

最终渲染出来的真实 DOM 如下：

```
<div id="root">
  <header>
    <h1>页面标题</h1>
  </header>
  <div>
    <aside>侧边栏</aside>
    <article>页面内容</article>
  </div>
  <footer>页面底部</footer>
</div>
```

4）所有的标签名字都必须小写。

5）无论单标签还是双标签都必须闭合。

6）JSX 并不是 HTML，在书写时很多属性的写法不一样。

① 属性名都必须遵循驼峰命名法，从第二个单词开始首字母大写。

② 个别属性的属性名写法有变化，具体参考 2.3.2 节。

③ style 的值接收的是一个对象。

7）在 JSX 中，插入数据需要用插值表达式 {数据}

2.4 create-react-app

现在的前端项目功能越加复杂，或者说已经是一个运行在 Web 端的应用了。功能多了之后，不可避免地会产生一堆逻辑复杂的 JS 代码，以及相关的依赖包。为了降低开发的复杂程度，涌现了很多好的解决方法。

1）模块化开发。

2）Less、Sass 等 CSS 语法扩展。

3）TS 等 JS 语法扩展。

但是这些新的方法，要么需要进行编译，要么有大量的依赖需要进行管理，包括在真实上线的时候，还需要对代码进行打包。开发者在面临这些需求时，需要很多工具来完成代码编译、依赖管理以及打包合并，而 webpack 就是目前最热门的一款工具。它可以帮助开发者非常好地管理生产环境以及开发环境中的各种依赖，并且可以帮助开发者进行后期的打包合并。webpack 的相关配置相对复杂，对于初学者来说可以基于一个现成的例子先快速上手。create-react-app 是官方支持的一个 React 脚手架，它可以帮助开发者快速构建一个 React 程序。

2.4.1　安装 create-react-app

create-react-app 现在已经有多个版本，本书基于当下的最新版本 3.4.1 来进行相关讲解。在安装 create-react-app 之前，用户确保在计算机上已经正确安装了 node.js 环境。

不知道计算机是否安装了 node 的读者可以打开命令行，输入命令 node -v。如果可以看到版本号就说明计算机中已经安装了 node。没有安装 node 的读者，可以访问 node.js 官网或中文网 http://nodejs.cn，根据自己的操作系统进行下载。

安装好 node 之后，就可以进行 create-react-app 的安装。打开命令行工具，输入命令 npm i create-react-app -g，就可以快速安装 create-react-app 了。安装完成之后，输入命令 npm i create-react-app -V 后按 Enter 键，可以看到版本号，就说明 create-react-app 安装成功了。

2.4.2　项目构建和启动

安装好 create-react-app 之后，就可以利用它来构建项目了。在存放项目的文件目录下打开命令行工具，输入命令 create-react-app my-app。运行命令成功之后，会在当前目录创建一个名为 my-app 的子目录。

注：my-app 是自定义的名字，用户可以把它定义成自己想要的名字，但不要用中文。

打开 my-app 目录，可以看到以下结构：

```
my-app
├── README.md
├── node_modules
├── package.json
├── .gitignore
├── public
│   ├── favicon.ico
│   ├── index.html
│   └── manifest.json
└── src
    ├── App.css
    ├── App.js
    ├── App.test.js
    ├── index.css
    ├── index.js
    ├── logo.svg
    └── serviceWorker.js
```

简单的介绍一下这些文件，本书后文中有专门的工程化章节，这里就不对整个环境详细展开介绍了。

1）README.md，这个文件用于编写项目介绍使用，初学者可以跳过。

2）node_modules，在项目中安装的依赖都会放在这个文件夹下。

3）package.json，是整个项目的描述文件，里边有两块内容这里详细说一下。

① dependencies 项目安装的依赖名称及版本信息。可以看到在构建完的项目中，已经帮开发者安装好了一些基本的依赖："react"："^16.13.1"，"react-dom"："^16.13.1"，"react-scripts"："3.4.1"。react 和 react-dom 不需要再复述了。react-scripts 是什么？create-react-app 会把 webpack、Babel、ESLint 配置好合并在一个包里，方便开发人员使用，这个包就是 react-scripts。

② scripts 中定义的是在命令行工具中可以使用到的一些命令。在当前目录 my-app 中，启动命令行工具，一起来测试一下这些命令。

• npm start。这个命令用于启动项目。create-react-app 内置了一个热更新服务器，项目启动之后，默认会打开 http://localhost:3000，运行项目。

• npm test。这个命令用于项目测试，测试相关的内容在"第 7 章工程化配置"中会详细介绍。

• npm run build 打包命令。该命令会将项目中的代码打包编译到 build 文件夹中，它会将 React 正确地打包为生产模式中需要的代码并优化构建以获得最佳性能。将来要把项目发布在生成环境的时候，只需要把 build 文件夹的内容发布上去即可。

• npm run eject。该命令会把项目所有配置文件暴露出来，用于对项目构建重新配置。但该命令是单向操作，不建议初学者使用。

4）.gitignore 文件。该文件的内容用于描述项目中哪些文件不需要添加到 git 管理中。

5）public 文件夹。用来存放 html 模板。public 文件夹中的 index.html 就是项目的 html 模板，不建议读者修改名字，否则需要重新配置 html 文件。

6）src 文件夹。该文件夹中 index.js 是整个项目的入口文件。为了加快重新构建的速度，webpack 只处理 src 中的文件。注意要将 JS 和 CSS 文件放在 src 中，否则该文件不会被 webpack 打包。

关于 create-react-app 的使用先说到这里，对于初学者来说，在这个阶段可以安装脚手架 npm i create-react-app -g、可以利用脚手架构建项目 create-react-app <项目名称>、可以正常启动项目 npm start、可以知道 React 所有的代码都写在 src 目录中就够了。关于 create-react-app 更高级的用法，可以在学完工程化内容之后再来探索。

2.4.3 项目入口文件

打开 create-react-app 构建好的项目，打开 src 文件夹，在这个文件夹中，可以看到很多文件，删除 index.js 和 App.js 以外的文件。

打开 index.js，把多余的代码删除，只留下以下内容：

```
import React from 'react';
import ReactDOM from 'react-dom';
import App from './App';
ReactDOM.render(
  <React.StrictMode>
    <App />
  </React.StrictMode>,
```

```
    document.getElementById('root')
);
```

然后打开 App. js，修改为以下内容：

```
import React from ' react';
function App() {
  return <h1>Hello React</h1>;
}
export default App;
```

现在有了一个最基础的 React 项目，index. js 作为项目的入口文件，对项目进行配置，如后期学到的 router 和 redux，App. js 中的 App 组件则作为项目的入口组件，在 App 中开始写项目的正式内容。

2.4.4 React. StrictMode

StrictMode 是用来检查项目中是否有潜在风险的检测工具，类似于 JavaScript 中的严格模式。StrictMode 跟 Fragment 类似，不会渲染任何真实的 DOM。只是为后代元素触发额外的检查和警告。

StrictMode 可以在代码中的任意地方使用，当然也可以直接用在 index. js 中，开启全局检测。除上述描述的特征外，StrictMode 检查只在开发模式下运行，不会与生产模式冲突。具体来看一下 StrictMode 都能进行哪些检测。

1）识别具有不安全生命周期的组件。

2）有关旧式字符串 ref 用法的警告。

3）关于已弃用的 findDOMNode 用法的警告。

4）检测意外的副作用。

5）检测遗留的 context API。

在 StrictMode 模式下，如果检测到代码有以上问题，React 会在控制台中打印出相应的警告。

2.5 定义 React 组件

前文中有过介绍，在 React 中提倡的是组件化开发。在使用 React 编写项目时，会把视图抽象成一个个组件，最终使用这些组件拼成开发者想要的视图。

在 React 中编写组件有两种方式，一种是类组件，另一种是函数式组件。这一小节先来学习比较复杂的类组件。

要在 React 中使用类组件，则必须继承自 React. Component，并且必须有 render 方法，在 render 方法的 return 中定义的是要渲染的视图，具体写法如下：

```
class App extends React.Component{
```

```
render(){
  return <h1>Hello React</h1>
  }
}
```

App 是组件（类）的名字，在类的 render 方法的 return 中，定义该组件要输出的内容。这里已经定义好了最基本的组件，该如何调用该组件呢？具体代码如下：

```
import React from 'react';
import ReactDOM from 'react-dom';
class App extends React.Component{
  render(){
    return   <h1>Hello React</h1>
  }
}
ReactDOM.render(
  <React.StrictMode>
    <App />
  </React.StrictMode>,
document.getElementById('root')
);
```

在 React 中调用组件特别简单，在需要使用组件的地方，直接像调用一个标签 App 一样就可以了。这里一定注意为了区分标签和组件，标签一定全小写，组件的首字母要大写。接下来通过一个实例，来了解 React 组件在使用时的一些细节，以及为什么要使用组件，具体效果如图 2-4 所示。

该列表中分了三项数据：家人、朋友、客户，点击哪一项，如该项是未展开状态，则该项展开，其他项收缩。如该项是展开状态，则收缩该项。明确了具体需求之后，按照步骤一起实现该效果。

●图 2-4 联动好友列表

1）利用 create-react-app myapp 构建项目，构建成功后 npm start 启动项目。

2）删除 src 下多余的文件，并将 src/index.js 和 src/App.js 修改为最简状态，具体参考 2.4.3 节关于项目入口文件的介绍。

3）新建 src/index.css 文件，放入以下内容：

```
dl,dd {
  margin:0;
}
.friend-list {
  border:1px solid #000000;
  width:200px;
}
```

```
.friend-groupdt {
  padding: 10px;
  background-color:#eee;
  font-weight: bold;
}
.friend-group dd {
  padding: 10px;
  display: none;
}
.friend-group.expanded dd {
  display: block;
}
.friend-group dd.checked {
  background: green;
}
```

4）在 src/index.js 中，引入 index.css：

```
import React from 'react';
import ReactDOM from 'react-dom';
import App from "./App";
import "./index.css";
ReactDOM.render(
  <App/>,
  document.getElementById('root')
);
```

5）修改 src/App.js 为下述内容：

```
import React,{Component} from 'react';
import Dl from './dl';
class App extends Component{
  render(){
    return (<div className="friend-list">
      <Dl />
    </div>)
  }
}
export default App;
```

　　现在项目都提倡模块化开发，可以看到在 React 中一般一个组件就是一个模块，这样也更方便开发者后期维护以及定位错误。

　　6）新建 src/dl.js，在 dl.js 中写入下列内容：

```
import React,{Component} from 'react';
```

```
export default class Dl extends Component {
  render(){
    return (
      <dlclassName="friend-group expanded">
        <dt>列表标题</dt>
        <dd>列表内容</dd>
        <dd>列表内容</dd>
      </dl>
    )
  }
}
```

在浏览器中预览，最终效果如图 2-5 所示。

现在完成了这个实例的第一部分 UI 展示，但并没有和数据关联起来，怎么把它和数据关联起来呢? 在下面章节中继续讲解。

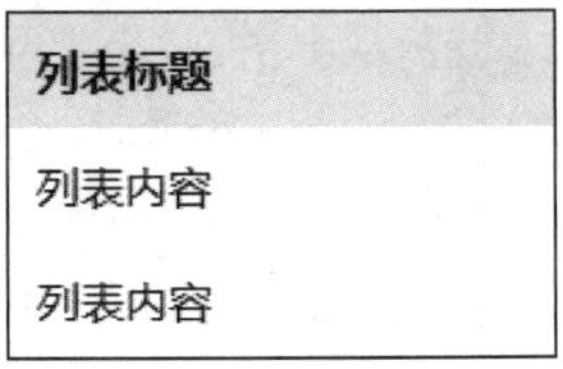

列表标题
列表内容
列表内容

●图 2-5　好友列表纯 UI

2.6　组件间通信

在把数据加到实例中之前，先来了解一下 React 组件之间的关系。在该案例中有 App 和 Dl 两个组件，其中 Dl 是在 App 中调用的，所以 Dl 就是 App 的子组件，App 是 Dl 的父组件。

2.6.1　props 使用

现在建立一份数据，新建 src/data.js 文件，填入内容如下：

```
let data = {
  family:{
    title:'家人',
    list:[
      {name:'爸爸'},
      {name:'妈妈'}
    ]},
  friend:{
    title:'朋友',
    list:[
      {name:'张三'},
      {name:'李四'},
      {name:'王五'}
    ]},
```

```
    customer:{
      title:'客户',
      list:[
        {name:'阿里'},
        {name:'腾讯'},
        {name:'头条'}
      ]}
};
export default data;
```

然后在 App.js 中引入 data，并根据 data 属性的数量来生成 Dl，并把该项对应的数据传递给对应的 Dl。具体代码如下：

```
import React,{Component} from 'react';
import Dl from './dl';
import data from "./data";
class App extends Component{
  render(){
    return <div className="friend-list">
      {/*注意 data 是一个对象,而非数组 */}
      {
        Object.keys(data).map(itemName=>{
          {/* key 的作用和取值在后文中详细介绍*/}
          return <Dl key={itemName} dlData={data[itemName]}/>
        })
      }
  </div>}
}
export default App;
```

在这段代码中，循环了 data 的属性 family、friend、customer，对应生成了三个 Dl 组件，并且把 data 中对应的数据分别加在了 Dl 组件的 dlData 属性中。这里 dlData 只是自定义的一个名字，读者可以起任意名字，但最好带着语义，方便伙伴们阅读。修改完了 App.js 之后，继续修改 Dl.js 的内容，具体代码如下：

```
import React,{Component} from 'react';
export default class Dl extends Component {
    render(){
      let {dlData} = this.props;
      return (
        <dl className="friend-group expanded">
          <dt>{dlData.title}</dt>
          {
            dlData.list.map((item,index)=>{
```

```
            return <dd key={index}>{item.name}</dd>
          })
      }
    </dl>)
  }
}
```

在父组件调用 Dl 时，给它添加了一个属性 dlData，在 Dl 组件中，通过 props 属性就可以接收到父级添加在属性中的数据。最终效果如图 2-6 所示。

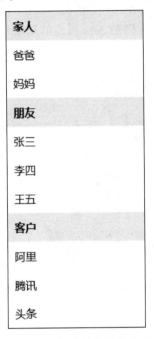

●图 2-6　添加完数据的好友列表

注：组件的 props 属性专门用于接收从父组件传递过来的数据。在调用组件时，可以把想传递进去的数据直接加在组件的属性上，然后在组件内部，通过 this. props 属性接收传递进来的数据。

2. 6. 2　state 使用

绑定了组件中的数据之后，来看看如何加上相关的交互。怎么控制列表的收缩和展开呢？在 React 中，组件就是一种状态机，组件会根据状态的不同输出不同 UI。需要添加交互时，只需要把交互和状态关联，用户进行交互的时候，UI 就会进行不同的渲染。

1. 定义 state

state 是组件实例的一个属性，该属性的值是一个对象，代码如下：

```
import React,{Component} from 'react';
class App extends Component{
```

```
      state = {name:"开课吧",age:9}
      render(){
        let {name,age} = this.state;
        return (<div>
          <p>姓名:{name}</p>
          <p>年龄:{age}</p>
          <button>过了一年</button>
        </div>)
      }
    }
export default App;
```

这里定义属性时利用了 ES6 的简写形式，如果一定要写在 constructor 中，要注意：组件是继承自 Component 的，要记得加 super；constructor 的第 1 个参数是调用该组件时传入的 props，记得传递给 super，在父类 Component 中加到 this 上，具体代码如下：

```
class App extends Component{
  constructor(props){
      super(props);
      this.state = {
        name:"开课吧",
        age:9
      };
  }
  render(){
    let {name,age} = this.state;
    return (<div>
      <p>姓名:{name}</p>
      <p>年龄:{age}</p>
      <button>过了一年</button>
    </div>)
  }
}
```

2. 修改 state

state 现在已经和视图关联了起来，那怎么去修改 state，让视图跟着变化呢？修改 state 切记不能直接去赋值，如 this.state.age+=1。这种操作是不会引起视图渲染的，这里学习一个新方法 this.setState。

setState 方法用于更新 state 的值，并进行视图的重新渲染。调用 setState 方法后，会根据 setState 传入的值，对 state 进行修改，根据修改后的 state 生成新的虚拟 DOM，然后对比新老虚拟 DOM，找出修改点，对视图进行更新，具体代码如下：

```
class App extends Component{
  state = {
```

```
    name:"开课吧",
    age: 9
  }
  render(){
    let {name,age} = this.state;
    return (<div>
      <p>姓名:{name}</p>
      <p>年龄:{age}</p>
      <button onClick={()=>{
          this.setState({ age: ++age})
        }}
      >过了一年</button>
    </div>)
  }
}
```

单击按钮时，将调用 setState 方法修改状态中的 age 属性，然后会重新渲染视图，age 就已经跟着改变了。

setState 方法在被调用时，只接收两种参数类型。一种是上示例中用的对象，另外一种是函数。使用函数作为 setState 的参数时，要注意该函数必须有返回值。返回值是一个对象，该对象表示要修改 state 的哪一项，以及修改后的值。具体代码如下：

```
class App extends Component{
  state = {
    name:"开课吧",
    age: 9
  }
  render(){
    let {name,age} = this.state;
    return (<div>
      <p>姓名:{name}</p>
      <p>年龄:{age}</p>
      <button onClick={()=>{
        this.setState(function(){
          return { age: ++age }
        });
      }}
      >过了一年</button>
    </div>)
  }
}
```

了解 setState 的使用之后，还需要注意以下几个问题。

1）调用 setState 时，只需要传入要修改的状态，不需要传入所有状态，setState 会自动进行合并。如上边示例中，state 中有 name 和 age 两个字段，但修改时只传入 age，这时候 name 会保持不变合并到新的 state 对象中。

2）setState 是一个异步方法，在调用 setState 之后直接打印 state，发现 state 并未修改。示例如下：

```
class App extends Component{
  state = {
    name:"开课吧",
    age: 9
  }
  render(){
    let {name,age} = this.state;
    return (<div>
      <p>姓名:{name}</p>
      <p>年龄:{age}</p>
      <button
          onClick={()=>{
            this.setState(function(){
              return { age: ++age }
            });
            console.log(this.state.age); //还是之前的值,并未更新
        }}
      >过了一年</button>
    </div>)
  }
}
```

后文中会讲解到组件的生命周期，在生命周期中，可以看到组件更新的完整过程。在生命周期中，读者也可以看到 state 是在什么时候被更新的。

3）多个 setState 会被合并，但只会引起一次视图渲染（render）。示例如下：

```
class App extends Component{
  state = {
    off: true,
    name:"开课吧",
    age: 9
  };
  render(){
    let {name,age,off} = this.state;
    console.log("渲染");
    return (<div>
      <p>姓名:{name}</p>
      <p>年龄:{age}</p>
      <button
```

```
        onClick={()=>{
          if(off){
            this.setState({ name:"北京开课吧科技有限公司"});
          } else {
            this.setState({ name:"开课吧"})
          }
            this.setState({ off:!off})
          }}
        >{off?"显示全称":"显示简称"}</button>
      </div>)
    }
  }
```

单击按钮之后，调用了两次 setState 方法，但注意 render 中的 console，会发现 render 方法只被执行了一次。

学会了 state 的使用之后，现在把 state 和好友列表关联起来，看一下加上交互之后的效果，修改 src/dl.js 中的代码如下：

```
import React,{Component} from 'react';
export default class Dl extends Component {
  state={ isOpen: false }
  render(){
    let {dlData} = this.props;
    let {isOpen} = this.state;
    return (
      <dlclassName={"friend-group "+(isOpen?"expanded":"")}>
        <dt
          onClick={()=>{
            this.setState({ isOpen:!isOpen })
          }}
        >{dlData.title}</dt>
        {
        dlData.list.map((item,index)=>{
          return <dd key={index}>{item.name}</dd>
        })
        }
      </dl>
    )}
}
```

该案例中使用 state 对 dl 的 className 做了绑定，单击 dt 会修改 state 的 isOpen 属性，state 的 isOpen 属性变化后会引起 dl 的 className 发生改变。这样就利用 state 实现了一个列表显示隐藏的交互效果。

2.6.3　组件间的通信

好友列表展开收缩功能已经实现了，但是现在各项之间是没有关联的，还没有办法做到 A 项展开的时候其他项收缩。怎么把各项都关联起来呢？这就要说到一个新的知识点，组件间通信。

组件间通信也就是两个或多个组件之间相互传递消息。从关系上来划分：父级向子级传递信息、子级向父级传递信息、同级之前传递信息。

React 是一种单向数据流的设计。也就是说信息只能从父级向子级一层一层向下传递。那在 React 中怎么处理各种关系直接的信息传递呢？

1）父级向子级进行通信：这种信息传递比较简单，父组件在调用子组件时，只需要把想传递的数据加在子组件的属性上，然后在子组件内部通过 props 属性来接收。具体如 2.6.1 节关于 props 的介绍。

2）子组件向父组件传递信息：React 是单项数据流，没有办法从子组件直接传递信息到父组件，但是可以在父组件上定义好回调之后，把回调传递给子组件，利用回调向父级传递信息。

3）同级组件之间传递：同样由于 React 是单项数据流，同级之间没有办法直接传递信息，只能在父组件上进行控制，在父组件中定义好相关的回调，然后传递给子组件，子组件调用父级的回调进行相关的信息传递。组件间通信从单纯的文字描述看起来可能比较费劲，接下来通过一个完善的好友列表案例，来看看组件间的通信。

① 修改 src/App. js 中的代码如下：

```
import React,{Component} from 'react';
import Dl from './dl';
import data from "./data";
class App extends Component{
  state={ openName:""}
  changeOpen=(name)=>{
    this.setState({ openName:name})
  }
  render(){
    let {openName} = this.state;
    return (<div className="friend-list">
      {
        Object.keys(data).map(itemName=>{
        return <Dl
          key={itemName}
          dlData={data[itemName]}
          name = {itemName}
          openName = {openName}
          changeOpen = {this.changeOpen}
```

```
        />})
    }
  </div>)
  }
}
export default App;
```

在这里声明了一个状态 openName 用来记录当前需要展开项的 name，当 name 为空时，代表目前没有展开项。另外这里还声明了一个 changeOpen 方法，专门用来切换当前展开项。

在调用 Dl 组件时，除了传递它的数据之外，还把这项的 name、openName 和 changeOpen 方法传递给它。

② 修改 src/dl.js 中的代码如下：

```
import React,{Component} from 'react';
export default class Dl extends Component {
  render(){
  let {dlData,name,openName,changeOpen} = this.props; return (
  <dlclassName={"friend-group "+(openName==name?"expanded":"")}>
    <dt
      onClick={()=>{ changeOpen(openName==name?"":name); }}
    >{dlData.title}</dt>
    {
      dlData.list.map((item,index)=>{
        return <dd key={index}>{item.name}</dd>
      })
    }
  )
  }
}
```

在 Dl 组件中，接收到父级传递过来的 name 和 openName，如果这两项是相等的，说明要展开的就是当前项，否则当前项不需要展开。单击 dt 时，调用父级传递过来的回调 changeOpen，判断当前项已经展开了，此时收缩所有项，如果当前项未展开，则展开当前项。到这一步就有了一个完善的好友列表。

2.6.4 跨组件通信

该小节主要作为技术扩展，建议初学者跳过该小节，先学习后续内容。

在 React 中，组件层级嵌套比较多的情况下，传递数据将变成特别麻烦的一件事情。如 A 组件中嵌套了 B 组件，B 组件中嵌套了 C 组件，在 C 组件中想要使用 A 组件的数据就只能先把数据从 A 传递到 B，再从 B 传递到 C。这个过程特别的麻烦。

在 React 中专门提供了一个 API——context 用于解决这种跨组件通信。该 API 一般是给第三方库使用的（如后文会讲到的 react-redux），在前期不熟练的情况下，不建议读者直接在项目中使用。

context 也经历了多个版本，这里以目前的主流版本 createContext 来进行讲解

```
const context = createContext();
const {Provider,Consumer} = context;
```

调用 createContext 方法会返回两个组件 Provider 和 Consumer。Provider 组件用于向其后代组件传递数据，把需要传递给子级的数据加给 Provider 的 value 属性即可向下传递。Consumer 组件用于接收父祖级传递下来的数据，在 Consumer 中可以编写一个函数，父祖级传递下来的数据会以参数的形式传递给该函数。具体的使用示例如下。

1）新建 src/context.js 文件，在 context.js 中新建 context 并导出 context；Provider, Consumer：

```
import {createContext} from "react";
const context = createContext();
const {Provider,Consumer} = context;
export {Provider,Consumer};
export default context;
```

2）修改 src/App.js 文件，在 App 组件中调用 Provider 来传递要传递给子级的数据：

```
import React,{Component} from 'react';
import Child from "./child";
import {Provider} from "./context";
class App extends Component{
  render(){
    return (
      <Provider value={{
        info:"要传递给子级的数据"
      }}>
        <Child />
      </Provider>
    )
  }
}
export default App;
```

3）新建 src/child.js 文件，在 Child 中通过 Consumer 接收父级传递下来的数据：

```
import React,{Component} from 'react';
import {Consumer} from "./context";
class Child extends Component{
  render(){
    return (
      <Consumer>
        {(val)=>{
```

```
        //这里的 val 就是 Provider 传递下来的数据
        return <p>{val.info}</p>
      }}
    </Consumer>
  )
}
}
export default Child;
```

在类组件中，除了通过 Consumer 来接收 Provider 传递过来的信息之外，还可以通过类的 contextType 来接收，然后在组件的 context 属性中就可以获取到 Provider 传递过来的数据，具体代码如下：

```
import React,{Component} from 'react';
import context from "./context";
class Child extends Component{
  /**
    也可以通过 static 属性来接收
    static contextType = context;
  **/
  render(){
    return <p>{this.context.info}</p>
  }
}
Child.contextType = context;
export default Child;
```

2.7 组件的生命周期

生命周期描述的是组件从创建到卸载的一个完整过程。在这个过程当中，Component 给开发者提供了一系列相应的生命周期函数，如：初次渲染到 DOM 中，组件更新完成，组件卸载之前等。想要在组件的挂载完成、更新完成等过程中，做相应逻辑处理，可以在相应的生命周期函数中执行。

React 组件的生命周期分为三个阶段，分别是：

1）挂载阶段（Mounting），这个阶段会从组件的初始化开始，一直到组件创建完成并渲染到真实的 DOM 中。

2）更新阶段（Updating），顾名思义组件发生了更新，这个阶段从组件开始更新，一直监测到组件更新完成并重新渲染完 DOM。

3）卸载阶段（Unmounting），这个阶段监听组件从 DOM 中卸载。

了解三个阶段分别是什么之后，分别看一下每个阶段中都提供了哪些生命周期函数。

2.7.1 挂载阶段的生命周期函数

在组件的挂载阶段，会依次调用以下生命周期函数。

1）constructor(props)。在 constructor 中，会初始化该组件。当然要记得组件是继承自 Component 类的，在写 constructor 时，不要忘了加 super。

2）static getDerivedStateFromProps(props,state)。React 的生命周期函数命名虽然很长，但语义化设计得很优秀。从命名上可以看出该方法用于从 props 中获取 state。在挂载阶段该方法可以获取到当前的 props 和 state，然后根据 props 来对 state 进行修改。在使用该方法时要注意几个问题。

① static getDerivedStateFromProps 是一个静态方法，使用时其内部不能使用 this。

② static getDerivedStateFromProps 是 React 16.3 之后新增的，使用时一定要注意项目的 React 版本。

③ static getDerivedStateFromProps 必须有返回值，其返回值是对 state 的修改。相当于其他地方调用 this.setState()时，传入的修改对象。

④ static getDerivedStateFromProps 的作用是根据 props 来修改 state 的，所以组件初始时一定要定义 state 属性。

3）componentWillMount。componentWillMount 代表组件即将要挂载。使用该方法时，也有一些要注意的问题。

① componentWillMount 在 React 16.3 之后已经不建议使用，如果在 React 17.x 还想要使用 componentWillMount，React 建议写成 UNSAFE_componentWillMount。

② componentWillMount 和 getDerivedStateFromProps 不能同时使用。如果要在组件中使用 getDerivedStateFromProps 则不能使用 componentWillMount。

4）render。render 方法会根据 return 中的值生成虚拟 DOM，然后提交给 ReactDOM，渲染真实的 DOM。

5）componentDidMount。componentDidMount 组件已经挂载完毕，虚拟 DOM 已经添加到真实的 DOM 中。以上方法是组件在挂载阶段会调用的生命周期函数，按照顺序依次是：constructor → getDerivedStateFromProps 或 componentWillMount → render → componentDidMount，详细示例如下：

```
class App extends Component {
  constructor(props){
    super(props);
    console.log("1-组件初始化");
    this.state = {};
  }
  static getDerivedStateFromProps(props,state){
    console.log("2-将 props 映射到 state 中");
      return { state:1};
  }
  componentWillMount(){
```

```
      console.log("3-组件即将进行挂载");
    }
    render(){
      console.log("4-根据 return 生成虚拟 DOM");
      return <h1>hello react</h1>
    }
    componentDidMount(){
      console.log("5-组件已经挂载完毕,虚拟 DOM 已经添加到真实的 DOM 中");
    }
  }
```

2.7.2　更新阶段的生命周期函数

更新阶段即调用了 setState 等方法引起了组件的更新。React 组件更新的生命周期有三种不同的过程：父组件更新引起的当前组件更新、当前组件自己更新、forceUpdate。

1. 父组件更新

父组件更新同样会引起当前组件更新。由于父组件更新带动当前组件更新会调用的生命周期函数，在 React 16.3 及之后 和 React 16.3 之前略微有些差异。

（1）React 16.3 之前

1）componentWillReceiveProps(nextProps)，该生命周期函数在父组件更新后子组件接收到新的 Props 时触发。注意在该函数中调用的是 this.Props 结果还是更新前的 props。如需使用更新后新的 props 则需要调用参数中接收到的 nextProps。

2）shouldComponentUpdate(nextProps,nextState)，该方法用于判断是否要进行组件的更新。同 WillReceiveProps 一样，这时是获取 this.props 和 this.state 还是更新前的 props 和 state。要是使用更新后的 props 和 state 则需要从参数里接收。另外注意，shouldComponentUpdate 必须有返回值，该返回值是一个布尔值，用来定义是否更新组件。返回值为 true 时，生命周期会继续向下进行，组件继续更新。返回值为 false，则停止组件更新，不会调用后续的生命周期函数。

3）componentWillUpdate(nextProps,nextState)组件即将更新。props 和 state 的相关使用同上所述。

4）render 根据新的 props 和 state 生成虚拟 DOM，然后将新的虚拟 DOM 和旧的对比找出更新点，更新真实 DOM。注意在该方法中 this.props 和 this.state 已经是更新过后的 state 和 props 了。

5）componentDidUpdate(prevProps,prevState)。该方法代表组件已经更新完毕，真实 DOM 已经完成重新渲染。在该方法中想要获取更新前的 props 和 state 的话，可以通过参数接收。React 16.3 之前，父组件更新引起子组件更新，所调的用生命周期顺序：componentWillReceiveProps → shouldComponentUpdate → componentWillUpdate → render → componentDidUpdate。具体示例如下：

```
class Child extends Component {
  state = { name: "child"}
```

```
componentWillReceiveProps(newProps){
  console.log("1-接受父组件传递进来的更新后的 props");
}
shouldComponentUpdate(newProps,newState){
  console.log("2-判断组件是否要进行更新");
  return true;
}
componentWillUpdate(newProps,newState){
  console.log("3-组件即将更新");
}
componentDidUpdate(prevProps,prevState){
  console.log("5-组件更细完成");
}
render(){
  console.log("4-组件正在更新");
  let {name} = this.state;
  let {parentName,changeParentName} = this.props;
  return <div>
    <p>父级名字:{parentName}</p>
    <button onClick={()=>{
        changeParentName("父级组件");
      }}
    >修改父级名字</button>
    <p>{name}</p>
    <button onClick={()=>{
      this.setState({
          name:"子组件"
        });
      }}
    >修改自己名字</button>
  </div>
}
}
class App extends Component {
  state = { name: "parent" }
  changeName = (newName)=>{
    this.setState({ name: newName});
  }
  render(){
  let {name} = this.state;
  return <div>
      <Child
        parentName = {name} changeParentName = {this.changeName}
```

```
    />
   </div>
  }
 }
```

（2）React 16.3。

在 React 16.3 中使用 getDerivedStateFromProps 方法替换掉 componentWillReceiveProps。另外从 React 16.3 开始，componentWillReceiveProps 和 componentWillUpdate 逐渐被废弃掉，如果到 React 17.x 中还想使用相关方法需要加前缀 UNSAFE_，并且组件中使用了 getDerivedStateFromProps 之后，componentWillReceiveProps 和 componentWillUpdate 也不会执行。React 16.3 之后由父组件更新引起的组件更新如下。

1）static getDerivedStateFromProps（newProps，newState）在更新阶段，可以获取到新的 props 和 state，同样返回值是要对 state 做的修改。

2）shouldComponentUpdate 判断组件是否更新。

3）render 生成新的虚拟 DOM。

4）getSnapshotBeforeUpdate（prevProps，prevState），这个方法是 React 16.3 新增加的一个方法。该方法执行在 render 生成虚拟 DOM 之后，渲染真实 DOM 之前，用于获取渲染前的 DOM 快照。

① getSnapshotBeforeUpdate 中的 this.state 和 this.prop 已经更新为新的 props 和 state，想要获取更新前的 props 和 state 可以通过参数接收。

② getSnapshotBeforeUpdate 必须有返回值，其返回值会传递给 componentDidUpdate。

5）componentDidUpdate（prevPorps，prevState，snapshot）在 React 16.3 中，新增加了第 3 个参数 snapshot，用于接收 getSnapshotBeforeUpdate 通过返回值传递过来的信息。React 16.3 对更新阶段的生命周期函数调用顺序依次为：static getDerivedStateFromProps→shouldComponentUpdate→render→getSnapshotBeforeUpdate→componentDidUpdate。具体示例如下：

```
class Child extends Component {
  state = { name: "child"}
  static getDerivedStateFromProps(newPorps,newState){
    console.log('1-获取新的 props 和新的 state');
    return null;
  }
  shouldComponentUpdate(newProps,newState){
    console.log("2-判断组件是否要进行更新");
    return true;
  }
  getSnapshotBeforeUpdate(prevPorps,prevState){
    console.log("4-用于获取更新的 DOM ");
    return {info: "要传递给 componentDidUpdate 的信息"}
  }
  componentDidUpdate(prevPorps,prevState,snapshot){
    console.log("5-组件更细完成",snapshot);
  }
```

```
render(){
    console.log("3-组件正在更新");
    let {name} = this.state;
    let {parentName,changeParentName} = this.props;
    return <div>
        <p>父级名字:{parentName}</p>
        <button
            onClick={()=>{
                changeParentName("父级组件");
            }}
        >修改父级名字</button>
        <p>{name}</p>
        <button
            onClick={()=>{
                this.setState({ name:"子组件" });
            }}
        >修改自己名字</button>
    </div>
    }
}
class App extends Component {
    state = {name: "parent"}
    changeName = (newName)=>{
        t his.setState({ name: newName});
    }
    render(){
    let {name} = this.state;
    return <div>
        <Child
            parentName = {name}
            changeParentName = {this.changeName}
        />
    </div>
    }
}
```

2. 组件自己更新

组件自己更新即在组件内部调用了 setState，引起当前组件更新。组件自己更新流程在 React 中已经经历了三个版本：React 16.3 之前、React 16.3、React 16.4 及之后。

1）在 React 16.3 之前，当前组件自己更新会依次调用下列函数：shouldComponentUpdate→componentWillUpdate→render→componentDidUpdate。这里可以看到组件自己更新已经不再监听 props 的变化，只监听 state 的修改。

2）在 React 16.3 中，由于生命周期函数有变化，所以组件自更新所调用的函数也跟着

变 化 了, 依 次 调 用 过 程 为:shouldComponentUpdate→render→getSnapshotBeforeUpdate→componentDidUpdate。

3）在 React 16.4 及之后,为了方便开发者,FaceBook 官方又做了一个调整,把组件自更新和父组件更新带来的组件更新做了统一,顺序为:static getDerivedStateFromProps→shouldComponentUpdate→render→getSnapshotBeforeUpdate→componentDidUpdate。

3. forceUpdate

除了使用 setState 更新组件以及父级更新带来的更新外,React 还有一种更新组件的方式——强制更新（forceUpdate）。当组件依赖的数据不是 state 时,数据改变了,此时希望视图也进行改变就可以使用 forceUpdate 方法了。示例如下:

```
let name = "name";
class App extends Component {
  render(){
    return <div>
      <p>{name}</p>
      <button onClick={()=>{
          name = "新名字";
          this.forceUpdate()
        }}
      >更新名字</button>
    </div>
  }
}
```

forceUpdate 会强制视图进行更新,所以生命周期跟其他的更新略有不同,不会再调用 shouldComponentUpdate。

2.7.3 卸载阶段的生命周期函数

组件卸载即把组件从 DOM 中删除。卸载阶段的生命周期函数只有一个,即 componentWillUnmount。componentWillUnmount 方法用于监听组件即将卸载,通常用于在组件卸载时,删掉一些组件加在全局中的内容。示例如下:

```
class Child extends Component {
  componentDidMount(){
    window.onresize = ()=>{ console.log("窗口大小发生变化");}
  }
  componentWillUnmount(){
    window.onresize = null;
  }
  render(){
    return <h1>hello react</h1>
  }
```

```
}
class App extends Component {
  state={ show: true }
  render(){
    let {show} = this.state;
    return <div>
      {show?<Child />:""}
      <button onClick={()=>{
          this.setState({ show:!show })
        }}
      >{show?"隐藏组件":"显示组件"}</button>
    </div>
  }
}
```

以上是 React 组件的所有生命周期函数以及不同阶段不同版本所调用的顺序。单纯的文字让很多读者在阅读的时候，并不能在脑海中形成很深的印象，通过图 2-7、图 2-8、图 2-9 加深一下读者对生命周期的印象。

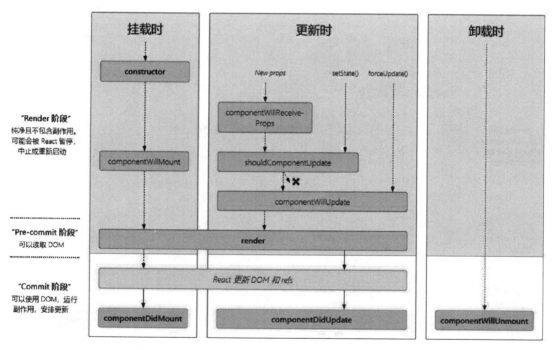

● 图 2-7　React 16.3 之前的生命周期

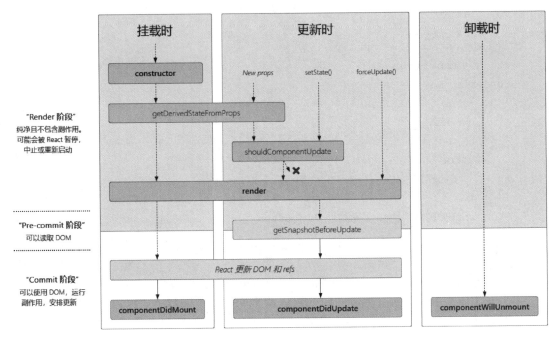

●图 2-8　React 16.3 生命周期

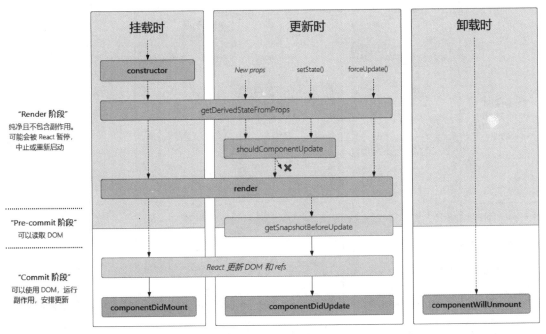

●图 2-9　React 16.4 及之后的生命周期

2.8　ref

在开发项目时，会遇到一些特殊的需求，需要使用原生 DOM 节点。比如让文本框获得焦点、使用一些第三方库（如 better-scroll、iScroll 等）。在 React 中如何获取 DOM 节点呢？除了可以使用 getElementById 等原生方法之外，还可以使用 React 提供的一个特殊 API——ref。

2.8.1　string ref

ref 可以帮助开发者获取到类组件的实例化对象或原生 DOM 节点。当 ref 绑定在组件上，渲染完成后就可以获取到组件实例。当 ref 绑定在标签上，渲染完成之后，可以获取到真实的 DOM 节点。具体代码如下：

```
class Child extends Component {
  render(){
    return <p>子组件内容</p>
  }
}
class App extends Component {
  componentDidMount(){
    console.log(this.refs.parent);      //打印真实的 DOM 节点
    console.log(this.refs.child);       //打印 Child 的实例化对象
  }
  render(){
    return <div>
    <p ref = "parent">父组件内容</p>
    <Child ref = "child" />
    </div>
  }
}
```

这段代码中有两个 ref，第一个 ref 绑定的是 p 标签，第二个 ref 绑定的是 Child。想要获取对应的 ref，可通过 this.refs 来进行获取。refs 本身是一个对象，绑定的 ref 都会变成该对象的一个属性。在使用 ref 的时候还有一些注意事项。

1）ref 的命名虽然可以自定义，但也要注意 JS 的命名规范，另外要遵循驼峰命名法。

2）单个组件内，ref 不能重名。

3）获取 ref 时，要在 componentDidMount 和 componentDidUpdate 中进行，否则 ref 是还没有赋值或还没有更新的。

2.8.2　createRef

在上面的代码中使用的是老版本 ref，俗称 string ref。在 React 16.3 中对 ref 的使用做了更新，新增了 createRef 方法。

使用 createRef 创建 ref 时，需要先把 ref 绑定在组件的属性或者变量中，然后和节点做绑定。获取 ref 时，需要通过 ref 的 current 属性来获取 ref 中具体存储的内容。具体代码如下：

```
class Child extends Component {
  render(){
    return <p>子组件内容</p>
  }
}
class App extends Component {
  parent = createRef();
  child = createRef();
  componentDidMount(){
    console.log(this.parent.current);    //打印真实的 DOM 节点
    console.log(this.child.current);     //打印 Child 的实例化对象
  }
  render() {
    return <div>
        <p ref={this.parent}>父组件内容</p>
        <Child ref={this.child} />
      </div>
  }
}
```

2.9　key

在 React 中，列表输出元素时，如果没有添加 key 属性，在开发环境中都会报出一个警告，要求加上 key 属性。key 属性到底有什么用呢？

前文中有过介绍组件重新渲染时，会拿原先的虚拟 DOM 和 新的虚拟 DOM 进行对比，找出不一样的地方进行重新渲染。key 的作用就是给这组元素分别加上一个唯一的标识，组件更新之后根据这个标识进行对比。具体规则就是在旧的虚拟 DOM 中找到 key 为 1 的元素，和新的虚拟 DOM 中 key 为 1 的元素进行差异对比。所以要注意两个原则。

1）同一元素更新前后要保持 key 统一，也就是说元素 A 更新前 key 为 1，更新后 key 也要为 1。

2）一组元素中 key 值不能重复。根据这两个原则，key 该怎么取值也就很清晰了。

① 默认不加 key 时，React 会以数组的索引来做每一项的 key 值。

② 当列表元素更新前后,其顺序绝对不会发生变化时,也可以使用数组的索引来做 key 值。

③ 当列表元素的顺序会有变化时,建议读者一定不要使用数组的索引,最好使用数据的 id。举例说明为什么不能使用数组的索引。

现有一个数组 [{id:1,name:"张三"}, {id:2,name:"李四"}, {id:3,name:"王五"}],根据这个数组生成一个列表,并使用索引值作为每一项的 key 值,会生成下列结构:

```
<ul>
    <li key="0">张三</li>
    <li key="1">李四</li>
    <li key="2">王五</li>
</ul>
```

这时加一个操作删除第一项{id:2,name:"李四"},然后更新组件,会生成新的结构:

```
<ul>
    <li key="0">张三</li>
    <li key="1">王五</li>
</ul>
```

在这个操作中,可以发现组件更新前后,王五 key 值发生了变化,React 都会做什么操作呢?对比 key=0 的 li,发现无变化不需要重新渲染;对比 key=1 的 li,发现前后内容不一样,重新渲染;对比 key=2,发现新结构中没有这项,然后删除 key=2 的 li。这个过程中进行了两种操作,重新渲染了一个 li 和删除了一个 li。下例再使用数据的 id 作为值再来看一下。

更新前的列表:

```
<ul>
    <li key="1">张三</li>
    <li key="2">李四</li>
    <li key="3">王五</li>
</ul>
```

更新后的列表:

```
<ul>
    <li key="1">张三</li>
    <li key="3">王五</li>
</ul>
```

分析一下这个操作的过程:对比 key=1 的 li,发现无变化不需要重新渲染;对比 key=2 发现新结构中没有这项,然后删除 key=2 的 li;对比 key=3 的 li,发现无变化不需要重新渲染。这个过程中进行了一步操作就是删除 key=2 的 li,这样性能就会比前一种性能好一些,当然这个列表数据量还比较小,数据量大时差异会更明显。

根据以上的表述,读者以后在做列表渲染的时候一定要正确添加 key 值,这样可以使程序获得更高的性能。

2.10　添加事件

React 使用的是一种合成事件而非原生的 DOM 事件，具体机制后文中有详细讲解。给 React 元素添加事件有点像行间事件，但又稍稍不同。行间事件名称是纯小写，React 则是遵循驼峰命名法。行间事件接收的是字符串，React 则是通过 JSX 的插值放入一个函数。具体代码如下：

```
class App extends Component {
  clickHandler(){
    alert("点击事件");
  }
  render(){
    return <button onclick={this.clickHandler}></button>
  }
}
```

在 React 添加事件还需要注意两个问题。

1）事件处理函数的 this 默认为 undefined。如果希望 this 为组件实例的话，可以绑定函数的 this 或者使用箭头函数。

① 利用 bind 对 this 进行绑定，代码如下：

```
class App extends Component {
  constructor(props){
    super(props);
    this.clickHandler = this.clickHandler.bind(this);
  }
  clickHandler(e){
    console.log(this);          //打印 App 的实例
    console.log(e.target);      //获取事件源
  }
  render(){
    return <button onClick={this.clickHandler}></button>
  }
}
```

② 利用箭头函数获取父作用域 this：

```
class App extends Component {
  clickHandler=(e)=>{
    console.log(this);          //打印 App 的实例
    console.log(e.target);      //获取事件源
  }
```

```
render(){
  return <button onClick={this.clickHandler}></button>
}
}
```

2）在 React 中阻止默认事件不能使用 return false，必须使用 event. preventDefault。

2.11　表单

Html 中，当用户对表单元素进行操作时会改变表单的一些内部属性（如：value、checked、selected 等）。这些内部属性也就是该表单控件的一种状态。

在 React 组件中，想要获取表单的内部状态或者想要控制表单的这些内部状态，可以把组件的状态和表单的状态进行绑定，当组件的 state 改变时修改表单的状态（value，checked……），或者表单的状态被改变时，再通过 setState 修改组件的状态，这样就形成了组件对表单控件的控制。这种操作在 React 中有一个专门的名称——受控组件。具体写法如下：

1）输入类型表单控件，控制的是 value 值：

```
class App extends Component {
  state={ val:"" }
  render(){
    let {val} = this.state;
    return <div>
        <input type="text"
         value={val}
         onChange={(e)=>{
           this.setState({
             val:e..target.value
           })
         }}
      />
    </div>
  }
}
```

如上例所示，input 的 value 属性的值是和组件的 state 是保持一致的，而用户输入时又会通过 setState 修改组件的 state，这样就形成了相互控制。

2）单选框和复选框则需要控制 checked 属性，示例如下：

```
class App extends Component {
  state={
    checked:false
```

```
    }
    render(){
      let {checked} = this.state;
      return <div>
        <input type = "checkbox"
          checked = {checked}
          onChange = {(e) = >{
            this.setState({
              checked:e.target.checked
            })
          }}
        />
      </div>
    }
  }
```

上述案例演示的是受控组件的做法，组件的 state 和表单控件的状态实时同步。如果只是希望表单控件的初始值和组件的 state 一致，而非实时同步时，则可以写成非受控组件，具体代码如下：

```
class App extends Component {
  state = {
    val:"",
    checked:true
  }
  render(){
    let {val,checked} = this.state;
    return <div>
      <input
        type = "text"
        defaultValue = {val}
      />
      <input
        type = "checkbox"
        defaultChecked = {checked}
      />
    </div>
  }
}
```

编写非受控组件时，无须添加 onChange 事件，但也要注意 value 和 checked，要写为 defaultValue 和 defaultChecked。

2.12 其他特性

2.12.1 children

children 属性是 React 中一个特殊的 API，主要用于传递组件内部要渲染的内容。比如要编写一个弹窗组件，但弹窗的内容是未知的，或者说是调用时才需要传递的，这时候就可以使用 children 属性，将弹窗的内容传递进组件。具体示例如下：

```
class Popup extends Component {
  render(){
    let {title,children} = this.props;
    return <div className="popup">
      <h2>{title}</h2>
      <div> {children} </div>
    </div>
  }
}
class App extends Component {
  render(){
    return <Popup title="自定义弹窗">
      <div>弹窗内容</div>
    </Popup>
  }
}
```

从上述例子中可以看到 children 的用法，在调用时，把要传递的内容写在标签对之间，在子组件中通过 props.children 就可以接收到父组件传递过来的要渲染的内容。

2.12.2 dangerouslySetInnerHTML

前后端交互时，有时后端传递的数据是带着 html 标签的，尤其是实现博客、文章、留言等功能时经常会遇到这种情况。在原生 JS 中，可以通过 InnerHTML 属性直接把数据添加进来，浏览器会自动识别标签，但是在 React 中，直接插入带标签的字符串，会把标签也解析成内部的一部分，而不是正常解析成一个 html 标签。要解决这个问题就需要用到 dangerouslySetInnerHTML。

dangerouslySetInnerHTML 可以帮助开发者在 React 元素中直接添加 InnerHTML，代码如下：

```
let data = `
<h2>React 修炼</h2>
<p>从零开始学习 React</p>
`
class App extends Component {
  render(){
    return <div
      dangerouslySetInnerHTML={{
        __html:data
      }}
    >
    </div>
  }
}
```

这里要注意 dangerouslySetInnerHTML 接收的是一个对象，在对象的 html 属性中去写要设置的 InnerHTML。

注意：

__html 这里是两个"_"下划线。

2.12.3　函数式组件

除了类组件之外，在 React 中存在一种简易的组件——函数式组件。函数式组件即一个函数就是一个组件。函数的第一个参数是父级传递进来的 props，返回值是该组件要输出的视图。代码如下：

```
function App(props) {
    Return <h1>hello react</h1>;
}
```

在 React 16.7 之前，函数式组件中没有办法定义 state，也没有生命周期，一般作为纯展示组件使用，所以又被称为无状态组件。

2.13　React Hooks

React Hooks 是 React 16.7 内测新增、React 16.8 正式新增的一个新特性。Hooks 帮助 React 解决了很多烦琐的问题。

使用类组件时，有大量的业务逻辑如各类的接口请求需要放在 componentDidMount 和 componentDidUpdate 等生命周期函数中，这样就会使组件变得特别复杂并且难以维护。并且

Class 中的 this 问题也导致很多初学者在使用时吃了不少苦头。另外很多逻辑难以通过组件进行复用，比如只想要一个可以去获取滚动条位置的方法，或者只是对单一接口的请求方法封装。函数组件倒是可以避免 this 问题，但是函数组件没有生命周期和 state 等特性。

　　Hooks 的出现让开发者看到了解决这些问题的希望。有了 Hooks 之后，就可以在函数式组件中去使用 React 的各种特性。

2.13.1　常用 Hooks

　　Hooks 的本质是一类特殊的函数，在 React 中除了可以自定义 Hook 之外，还提供了很多内置 Hook。具体来了解一下。

1. useState

```
const [state,setState] = useState(initialState);
```

　　useState hook 可以帮助开发者在函数式组件中使用 state，调用该方法时传入 state 的初始值，该方法会返回一个数组，数组的第 0 位是 state 具体的值，而第 1 位是修改该 state 的方法，同类组件的 setState 方法一样，调用该方法会更新 state，然后引起视图更新。具体示例如下：

```
import React, { useState } from 'react';
function App() {
  const [name, setName] = useState("kkb");
  return <div>
    <p>{name}</p>
    <button onClick={()=>{
      setName("开课吧")
    }}>显示全称</button>
  </div>;
}
export default App;
```

　　在使用 useState 时，有三个问题要注意。

　　1）useState 返回的 setState 方法同类组件的 setState 一样，也是一个异步方法，需要组件更新之后 state 的值才会变成新值。

　　2）useState 返回的 setState 并不具有类组件的 setState 合并多个 state 的作用，如果 state 中有个多 state，在更新时，其他值一同更新，具体代码如下：

```
function App() {
  const [data,setData] = useState({ name:"kkb", age:10});
  return <div>
    <p>{data.name}</p>
    <button
      onClick={()=>{
        setName({
```

```
        ...data,name:"开课吧"
      })
    }}>显示全称</button>
  </div>;
}
```

3）同一个组件中可以使用 useState 创建多个 state。

2. useRef

useRef 可以看成是 createRef 的 Hook 版。使用时先把 ref 存入变量，然后变量和 DOM 节点绑定，使用时通过 ref 的 current 属性来获取 DOM 节点。具体代码如下：

```
import React, { useRef } from 'react';
function App() {
  let elP = useRef();
  return <div>
    <p ref={elP}>欢迎学习开课吧 WEB 教程</p>
    <button onClick={()=>{
        console.log(elP.current);
    }}>显示全称</button>
  </div>;
}
export default App;
```

在函数式组件中，useRef 除了用来绑定 DOM 节点外，还用来保存跨渲染周期的数据，也就是获取组件渲染之前的数据，具体使用会搭配 useEffect 一起来介绍。

3. useEffect

Effect 翻译成专业术语称之为副作用。什么是副作用呢？网络请求、DOM 操作都是副作用的一种，useEffect 就是专门用来处理副作用的。在类组件中副作用通常在 componentDidMount 和 componentDidUpdate 中进行处理，而 useEffect 就相当于 componentDidMount、componentDidUpdate 和 componentWillUnmount 的集合体。useEffect 包括两个参数执行时的回调函数和依赖参数，并且回调函数还有一个返回函数，具体代码如下：

```
import React, { useState, useEffect } from 'react';
function Course(){
  const [course,setCourse] = useState("Web 高级工程师");
  const [num,setNum] = useState(1);
  useEffect(()=>{
    console.log("组件挂载或更新");
    return ()=>{
      console.log("清理更新前的一些全局内容,或检测组件即将卸载");
    }
  },[num]);//只有 num 更新时才会执行回调函数
  return <div>
    <div>
```

```
    选择课程:
    <select
      value = {course}
      onChange = {(({target})=>{ setCourse(target.value);}}
    >
      <option value = "Web 全栈工程师">Web 全栈工程师</option>
      <option value = "Web 高级工程师">Web 高级工程师</option>
    </select>
  </div>
  <div>
    购买数量:
    <input
      type = "number"
      value = {num}
      min = {1}
      onChange = {(({target})=>{ setNum(target.value);}}
    />
  </div>
  </div>
}
function App() {
  const [show,setShow] = useState(true)
  return <div>
    {show?<Course />:""}
    <button onClick = {()=>{ setShow(!show);}}>
        {show?"隐藏课程":"显示课程"}
    </button>
  </div>;
}
export default App;
```

依赖参数, 其本身是一个数组, 在数组中放入要依赖的数据, 当这些数据有更新时, 就会执行回调函数。整个组件的生命周期过程如下:

组件挂载→执行副作用 (回调函数) →组件更新→执行清理函数 (返还函数) →执行副作用 (回调函数) →组件准备卸载→执行清理函数 (返还函数) →组件卸载。

上文讲过 useEffect 是 componentDidMount、componentDidUpdate 和 componentWillUnmount 的集合体, 如果单纯只想要在挂载后、更新后、卸载前其中之一的阶段执行, 可以参考以下操作。

① componentDidMount。如果只想要在挂载后执行, 可以把依赖参数置为空, 这样在更新时就不会执行该副作用了。

② componentWillUnmount。如果只想要在卸载前执行, 同样把依赖参数置为空, 该副作用的返还函数就会在卸载前执行。

③ componentDidUpdate。只检测更新相对比较麻烦，需要区分更新还是挂载需要检测依赖数据和初始值是否一致，如果当前的数据和初始数据保持一致就说明是挂载阶段，当然安全起见应和上一次的值进行对比，若当前的依赖数据和上一次的依赖数据完全一样，则说明组件没有更新。这种情况需要借助 useRef 的原因在于 ref 如果和数据绑定的话，数据更新时 ref 并不会自动更新，这样就可以获取到更新前数据的值。在下例中，可以看到 useEffect 模拟的各个阶段，当然也可以看到一个组件中可以拥有多个 useEffect。

```
function Course(){
  const [course,setCourse] = useState("Web 高级工程师");
  const [num,setNum] = useState(1);
  let prevCourse = useRef(course);
  let prevNum = useRef(num);
  useEffect(()=>{
    console.log("组件挂载阶段");
    return ()=>{
      console.log("组件卸载之前");
    }
  },[]);//一定注意依赖参数要传入一个空数组,不传的话组件的任何更新都会调用该副作用
  useEffect(()=>{
    if(course != prevCourse.curren || num != prevNum.current){
      //如果当前值和上一次值不一样则代表组件有更新
      console.log("组件更新");
      //这里注意,ref 不会自动更新,需要手动进行更新
      prevCourse.current = course;
      prevNum.current = num;
    }
  },[course,num]);
  return <div>
    <div>
      选择课程:
      <select
        value = {course}
        onChange = {(({target})=>{
          setCourse(target.value);
        }}
      >
        <option value="Web 全栈工程师">Web 全栈工程师</option>
        <option value="Web 高级工程师">Web 高级工程师</option>
      </select>
    </div>
    <div>
      购买数量:
      <input type="number" value={num} min={1}
```

```
        onChange={(({target})=>{
          setNum(target.value);
        }}
      />
    </div>
  </div>
}
```

2.13.2 Hooks 使用规则

了解 Hooks 的使用之后，还需要具体了解一下 Hooks 的使用规则，主要为以下两点。

1）只能在函数式组件和自定义 Hooks 之中调用 Hooks，普通函数或者类组件中不能使用 Hooks。

2）只能在函数的第一层调用 Hooks。如果函数中还嵌套了流程控制语句如 if 或者 for，这些地方是不能再调用 Hooks 的，当然函数中嵌套了子函数，子函数中也一样不能使用 Hooks。Hooks 的设计极度依赖其定义时候的顺序，如组件更新时 Hooks 的调用顺序变了，就会出现不可预知的问题。Hooks 的使用则是为了保证 Hooks 调用顺序的稳定性。为此 React 提供一个 ESLint plugin 来做静态代码检测。eslint-plugin-react-hooks 新版的脚手架中，也内置了这套检测。当代码中的 Hooks 使用不符合上述规范时，在开发环境中会有错误警告。

2.13.3 自定义 Hook

除了可以使用 React 定义好的 Hook 之外，React 也允许开发者自定义 Hook。前文中说过一些单纯的逻辑难以通过组件去复用，而自定义 Hook 就可以完美解决这个问题。可以把一些需要重复使用的逻辑自定义成 Hook。

接下来看一个自定义 Hook，该 Hook 会返回一个和滚动条位置实时同步的 state，代码如下：

```
function useScrollY(){
let [scrollY,setScrollY] = useState(0);
function scroll(){
setScrollY(window.scrollY);
}
useEffect(()=>{
window.addEventListener("scroll",scroll);
return ()=>{
window.removeEventListener("scroll",scroll);
}
},[]);
```

```
return scrollY;
}
function App() {
let scrollY = useScrollY();
return <div style={{
border: "1px solid #000",
height: "1500px"
}}>
<p style={{
position: "fixed",
left: 0,
top: 0
}}>当前滚动条位置是:{scrollY}</p>
</div>;
}
```

上例中 useScrollY 就是一个自定义 Hook。在 useScrollY 中,定义好了获取滚动条位置的整个逻辑处理。将来需要使用滚动条位置时,直接调用 useScrollY 即会返回一个状态,并且该状态会根据滚动条的位置变化而进行更新。这样处理极大地精简了组件的逻辑,使组件中的代码一目了然,并且其他地方有相应需求时也可以重复调用 useScrollY。

在使用自定义 Hook 时,同样需要遵守 Hooks 的使用规则,另外注意 React 要求自定义 Hook 的命名也必须以 use 开始,以区别于其他函数。

2.14 小结

本章节深入讲解了 React 的概念以及相关 API 的具体使用。从最近几年来看,React 的发展还是比较快的,将来一定会有更多的特性诞生,但 React 专注于视图层的基本思路从未改变,希望读者可以把 React 真正使用到项目中去。另外学习从来就不是一蹴而就的,代码的学习更是这样,希望读者们在阅读的过程中可以打开计算机实操一下 React,在后文中也给读者准备了综合性的 React 项目。

第 *3* 章
基于 Redux 状态管理

　　React 组件的更新极其依赖于组件的状态（state），而组件嵌套多层时则可能会把父级的状态（state）一层一层向下传递，这样的话在管理和使用上都极其不便。Redux 的出现无疑给 React 中的状态管理带来了新的变革。Redux 是 JavaScript 的状态容器，提供可预测化的状态管理。在 React 中使用 Redux，可以把所有的 state 集中到组件顶部，能够灵活地将所有 state 分发给所有的组件，这样就极大方便开发者管理 React 中的状态，也方便不同组件之间的通信。

3.1 Redux 使用

Redux 在使用时要注意它本身不依赖于任何库，除了可以配合 React 一起使用外，也可以搭配其他视图库使用，并且 Redux 的文件大小也只有 2KB。

在 Redex 中有几个核心概念：store、state、action。了解这几个核心概念，有助于了解 Redux 的工作模式。

1）store：一个数据容器，用来管理和保存这个项目的 state。在整个应用中只能有一个 store。

2）state：一个对象，在 state 中存储相应的数据，当开发者需要使用数据时，则可以通过 store 提供的方法来获取 state。

3）action：一个通知命令，用于对 state 进行修改。通过 store 提供的方法，可以发起 action 完成对 state 的修改。

3.1.1 action、createStore 和 reducer 函数

action 是一个通知命令，本质是 JavaScript 普通对象。在 action 中，必须包含一个字符串类型的 type 属性。该属性的属性值代表要对 state 做何种操作。除了 type 属性外，开发者可以根据业务需求定义 action 的其他属性。最终 action 会通过 store 传入 reducer 函数中，以完成对 state 的修改。

Redux 的使用同其他库一样，也需要引入当前项目。在项目中引入 Redux 可以直接通过 npm 安装，安装命令为 npm i redux。Redux 和 React 一样也经历了多次更新，本书以 Redux 4.0.5 版本为准。安装好了 Redux 之后，先来看 Redux 中的核心方法 createStore，通过 createStore 方法可以创建项目中的 store。基本使用规则如下：

```
import {createStore} from "redux";
function reducer(state={},action){
    return state;
}
let store = createStore(reducer);
```

利用 createStore 创建 store 时，一定要调入 reducer 函数。reducer 函数的名字可以根据语义自行定义，该函数会帮助开发者初始化项目的 state，另外后期对 state 的修改也都会在该函数中进行。

Redux 中，所有的数据都会被保存在同一个 state 对象中。通过 store 可以发起 action 修改命令对 state 进行修改。当发起修改执行时，store 会把 state 和 action 传入 reducer 函数中，reducer 接收到 action 后可以根据 action 的指令对 state 进行修改，并返回修改后的 state。一个完整的 reducer 函数如下：

```
function reducer(state = {
  count : 1 //在这里设定 state 的初始值
  },action){
  //action.type 代表修改指令,该指令可以自定义
  switch(action.type){
    case "COUNT_PLUS":
      //根据 action 指令,修改 state 并返回新的 state
      return { count: state.count + 1 }
    case "COUNT_REDUCE":
      return { count: state.count - 1 }
  }
  return state;
}
```

reducer 本质就是一个函数，该函数有两个参数 state 和 action，另外该函数一定有返回值，返回值是修改后新的 state。在编写 reducer 时，一定要注意它应该是一个纯函数。纯函数即指：

1）该函数的执行过程中无任何副作用。如：网络请求、DOM 操作、定时器等。

2）如果函数的调用参数相同，则永远返回相同的结果。它不依赖于程序执行期间函数外部任何状态或数据的变化，必须只依赖于其输入参数。

3.1.2 store

前文中介绍过 store 是保存数据的容器，是 createStore 生成的一个对象。这一小节主要来学习 store 对象提供的常用方法。store 对象提供了 getState、dispatch（action）、subscribe（listener）三个常用方法。

1）getState：该方法用于获取 state。

2）dispatch（action）：该方法用于发起一个 action。

3）subscribe（listener）：该方法会注册一个监听器监听 state 发生的变化。另外该方法的返回值会返回一个注销监听器的方法，用于取消监听器。这些方法的操作说明如下：

```
import React from 'react';
import ReactDOM from 'react-dom';
import {createStore} from "redux";
function reducer(state = {
  count : 1 //在这里设定 state 的初始值
  },action){
  //action.type 代表修改指令,该指令可以自定义
  switch(action.type){
    case "COUNT_PLUS":
    //根据 action 指令,修改 state 并返回新的 state
      return { count: state.count + 1 }
```

```
      case "COUNT_REDUCE":
        return { count : state.count - 1 }
    }
    return state;
}
function render(){
  let state = store.getState();
  ReactDOM.render(
    <div>
      <button onClick={()=>{
        store.dispatch({ type:"COUNT_REDUCE" });
      }}>-</button>
      <span>{state.count}</span>
      <button onClick={()=>{
        store.dispatch({type:"COUNT_PLUS"});
      }}>+</button>
    </div>,document.getElementById('root')
  );
}
let store = createStore(reducer);
//添加监听,当 state 发生变化时重新渲染视图
let unSubscribe = store.subscribe(render);
//完成初次视图渲染
render();
//10 秒钟后取消对 state 变化的监听
setTimeout(()=>{ unSubscribe();},10000);
```

在上述代码中，可以看到 Redux 的基本流程：基于 reducer 创建 store，从 store 中获取 state 传递给视图，当视图被操作时，通过 dispatch 发起一个 action，store 接收到 action 之后，会把 state 和 action 传递给 reducer，reducer 更新 state 并把新的 state 传递给视图进行更新。具体流程如图 3-1 所示。

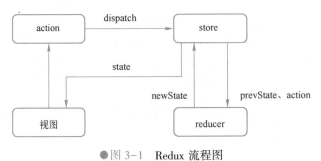

●图 3-1　Redux 流程图

3.2　React-Redux

上一小节讲解了 Redux 的基本使用，但是直接在 React 去使用 Redux 会特别麻烦，组件嵌套层级一多，就需要一层一层传递 store。Redux 官方提供了一个 React 绑定库——React-Redux，可以帮助开发者在 React 中更便捷地使用 Redux。

3.2.1　安装与配置

安装 React-Redux 也可以通过 npm 来进行，在项目目录中通过命令行工具输入 npm i react-redux。本节中以 React-Redux 7.2.0 为例进行讲解。一定要注意在 React 7.x 之前，React-Redux 并不存在 Hooks。安装好 React-Redux 之后，开发者就可以把数据和视图进行分离，第一步先创建好 store。

1）新建 src/store.js，写入以下代码：

```
import {createStore} from "redux";
function countFn(state={
  count:1
},action){
  switch(action.type){
    case "COUNT_PLUS":
      return { count: state.count + 1}
    case "COUNT_REDUCE":
      return {count: state.count - 1}
  }
  return state;
}
let store = createStore(countFn);
export default store;
```

2）创建好 store 之后，开发者就可以通过 React-Redux 把 store 关联到项目中。React-Redux 中提供了一个组件 Provider，该组件就是前文中说过的 context 中的 Provider，它的作用就是向其后代子孙传递信息。在 Provider 中有一个 store 属性，该属性的属性值是创建好的 store。另外注意，Redux 提倡一个项目只有一个 store，所以 Provider 应该在整个项目的最外层。修改 src/index.js 中的代码如下：

```
import React from 'react';
import ReactDOM from 'react-dom';
import App from './App';
import store from "./store";
```

```
import {Provider} from "react-redux";
ReactDOM.render(
  <Provider store={store}>
    <App />
  </Provider>,
document.getElementById('root'));
```

3.2.2　connect

通过 Provider 已经可以把 Redux 的 store 传递给项目中的各个组件，那在组件中如何接收和修改 store 中的 state 呢？React-Redux 中提供了一个 connect 方法用于接收 Provider 传递下来的 store 中的 state 和 dispatch。

```
connect(state=>newPorps)(Component)
```

这是 connect 比较常见的写法。该代码段含义为调用 connect 时，传递一个回调函数给 connect，connect 会把 store 中的 state 传递给这个回调函数。在回调函数中，找出组件需要的部分，然后返回，这是 connect(state=>newPorps)这段代码的意思。除此之外，connect 方法还会返回一个函数，该函数接收一个参数，这个参数是要获取 state 或 dispatch 的组件。该函数会调用传递进去的组件，并把 connect 回调函数执行后的返回值，以及 dispatch 方法和父组件传递来的数据一块传递给该组件。另外该函数执行完成之后会返回一个新的组件以供父级调用。修改 src/App.js 的代码如下：

```
import React from 'react';
import {connect} from "react-redux";
function App(props) {
  let {count,dispatch} = props;
  return (<div>
     <button onClick={()=>{
       dispatch({type:"COUNT_REDUCE"});
     }}>-</button>
     <span>{count}</span>
     <button onClick={()=>{
       dispatch({type:"COUNT_PLUS"});
     }}>+</button>
   </div>
  );
}
App =connect(state=>state)(App);
export default App;
```

3.2.3 Hooks

继 React 之后, React-redux 7. x 也新增加了 Hooks。React-redux 的 Hooks 也只能在 React 函数组件或自定义 Hooks 中使用。

1) const state = useSelector(state=>state) 与 connect 类似, useSelector 接收一个回调函数, 该回调函数会被 useSelector 调用, 并且会把 store 中的 state 传递给该回调函数。该回调函数必须有返回值, 该返回值一般是在 state 中开发者想要使用的数据, 该数据最终会被 useSelector 返回。

2) const dispatch = useDispatch( ) 调用 useDispatch, Hook 返回值为 Redux 的 dispatch 方法。

3) const store = useStore( ) 调用 useStore, Hook 会返回 Redux 的 store。使用 React-Redux 的 Hooks, 对计数器的案例进行一个修改, 具体代码如下:

```
import React from 'react';
import {useSelector,useDispatch} from "react-redux";
function App(props) {
  const count = useSelector(state=>state.count);
  const dispatch = useDispatch();
  return (<div>
     <button onClick={()=>{
       dispatch({type:"COUNT_REDUCE"});
     }}>-</button>
     <span>{count}</span>
     <button onClick={()=>{
       dispatch({ type:"COUNT_PLUS"});
     }}>+</button>
   </div>
  );
}
export default App;
```

3.3 基于 Redux 的 Todos 实现

3.3.1 建立视图

介绍完 Redux 的基本使用之后, 本小节通过一个综合性案例《开课吧-todo》来帮助读者应用 Redux 和 React-Redux。todo 的效果如图 3-2 所示。

下面分步骤来介绍 todo 的实现过程。首先要建立一个完整的视图。具体过程如下。

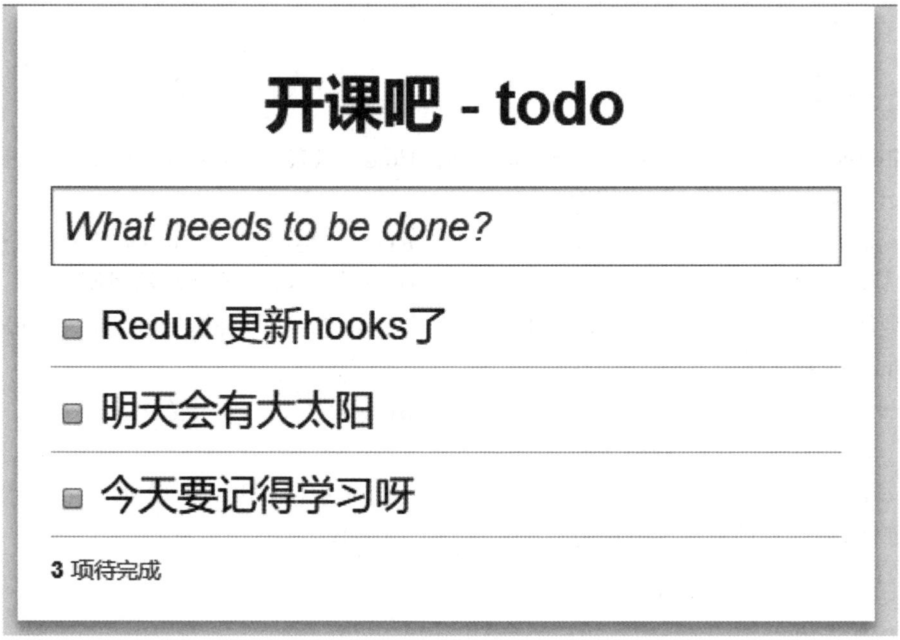

●图 3-2　todo 效果图

1）利用 create-react-app 初始化一个 React 项目，在项目中依次安装 Redux 和 React-Redux。

2）删除 src 目录下多余的文件，在 index.js 中引入样式文件 src/index.css。

考虑代码篇幅，样式文件不再附录。

修改后 src/index.js 中的代码如下：

```
import React from 'react';
import ReactDOM from 'react-dom';
import App from "./App";
import "./index.css";
ReactDOM.render(
  <App />,
  document.getElementById('root')
);
```

3）在 src/App.js 下根据视图功能，对整个视图进行组件化拆分，分别为 Title 标题组件、Create 添加 Todos 的输入框组件、Todos 事项列表组件、State 状态汇总组件，具体代码如下：

```
import React from 'react';
import Title from './title';
import Create from './create';
import Todos from './todos';
import State from './state';
function App(){
```

```
  return (<div id="todoapp">
    <Title />
    <div className="content">
      <Create />
      <Todos />
      <State />
    </div>
</div>)
}
export default App;
```

4）新建 src/title.js，在 title.js 中编写 Title 组件，具体代码如下：

```
import React from 'react';
function Title(){
return (
  <div className="title">
    <h1>开课吧-todo</h1>
  </div>);
}
export default Title;
```

5）新建 src/create.js，在 create.js 中编写 Create 组件，具体代码如下：

```
import React from 'react';
function Create(){
  return (
    <div id="create-todo">
      <input
        id="new-todo"
        placeholder="请输入要完成的事项"
        autoComplete="off"
        type="text"
      />
    </div>)
}
export default Create;
```

6）新建 src/todos.js，在 todos.js 中编写 Todos 组件，具体代码如下：

```
import React from 'react';
import Li from './li';
function Todos() {
  return (
    <ul id="todo-list">
      <Li />
```

```
      <Li />
      <Li />
    </ul>
  )
}
export default Todos;
```

7）Todos 下的 li 将来需要重复使用，并且每一个 li 都有独立的功能，最好单独抽离一个组件。新建 src/li.js，在 li.js 中编写 Li 组件，具体代码如下：

```
import React from 'react';
function Li (){
  return (
    <li>
      <div className="todo ">
        <div className="display">
          <input
            className="check"
            type="checkbox"
          />
          <div className="todo-content">模拟数据</div>
          <span className="todo-destroy"></span>
        </div>
        <div className="edit">
          <input
            className="todo-input"
            type="text"
          />
        </div>
      </div>
    </li>
  )
}
export default Li;
```

8）新建 src/state.js，在 state.js 编写 State 组件，具体代码如下：

```
import React from 'react';
function State(){
  return (
    <div id="todo-stats">
      <span className="todo-count">
        <span className="number">2</span>
        <span className="word">项待完成 </span>
```

```
        </span>
        <span className="todo-clear">
          <a href="#">
              Clear <span>1</span>已完成事项
          </a>
        </span>
      </div>
    )
  }
}
export default State;
```

在这一步完成后，可以看到一个视图的完整呈现，接下来要考虑的就是如何把数据和视图关联起来。

3.3.2　建立数据模型以完善 reducer

在数据关联视图之前，先来建立好数据模型，Todos 中记录的是多项数据，所以使用数组来保存相关数据。如图 3-3 所示，可以观察到每一项数据有两种状态以及待办事项的文字，所以每一项数据中记录 3 个字段：id（数据 id），title（该数据的名字），done（是否完成）。通过上述分析，一个完整的 state 应该是下列格式：

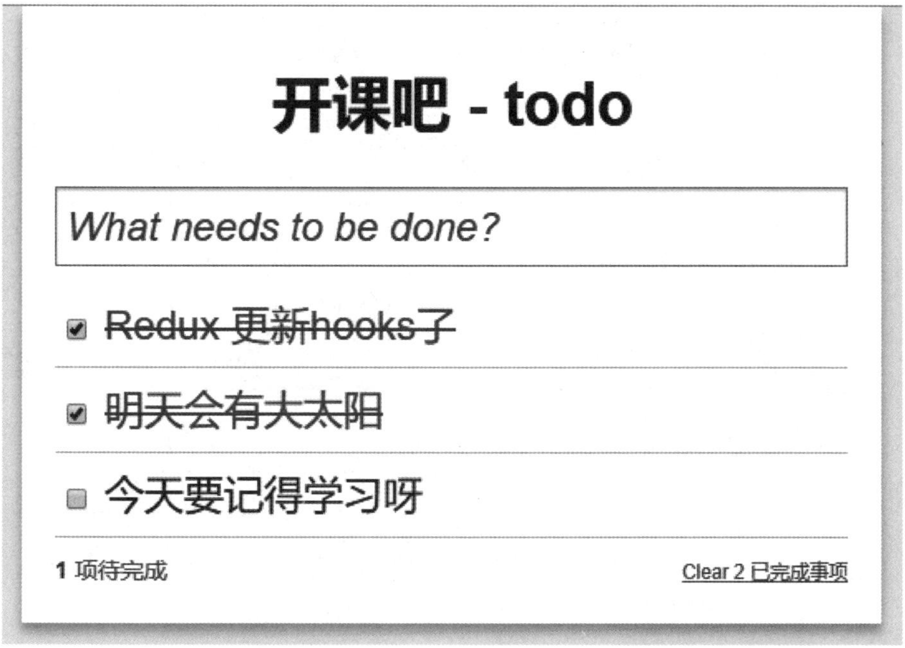

●图 3-3　todo 完整表示

```
state=[
  {
```

```
    id: 0,
    title: "示例数据",
    done: true
  },{
    id: 1,
    title: "示例数据2",
    done: false
  },{
    id: 2,
    title: "示例数据3",
    done: false
  }
];
```

有了数据模型之后，就可以来创建 store 了。在建立 reducer 时，也可以预测一下以后会发生的 action，对 reducer 进一步完善。通过图 3-4 可以看到，在该案例中，一共有 5 种操作：TODO_ADD（添加 todo）、TODO_DONE（修改 todo 的完成状态）、TODO_EDIT（修改 todo 中的文字）、TODO_REMOVE（删除本项 todo）、TODO_REMOVE_DONE（删除已完成项）。

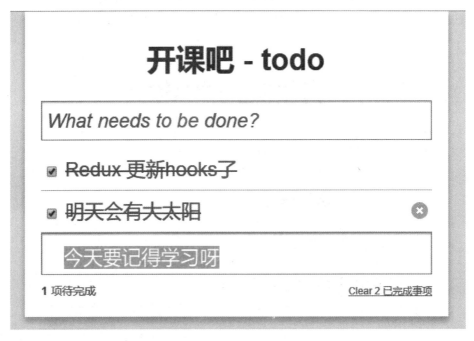

●图 3-4　进一步完善 todo

1）TODO_ADD 收到这条命令，reducer 中需要 action 携带这一项相应的文字，然后在 state 中添加一项 todo。

2）TODO_DONE 执行该动作，需要 action 携带要操作项的 id 以及完成状态。在 src/reducer.js 中创建完整的 reducer：

```
function reducer(state=[],action){
  switch(action.type){
    case "TODO_ADD":
      return [
        ...state,
        {
          id: Date.now(),
          title: action.title,
          done: false
        }
      ]
    case "TODO_DONE":
      state.forEach(item=>{
        if(item.id === action.id){ item.done = action.done}
      })
      return [...state];
    case "TODO_EDIT":
      state.forEach(item=>{
        if(item.id === action.id){
          item.title = action.title;
        }
      })
      return [...state];
    case "TODO_REMOVE":
      state=state.filter(item=>item.id!==action.id);
      return state;
    case "TODO_REMOVE_DONE":
      state=state.filter(item=>(!item.done));
      return state;
  }
  return state;
}
export default reducer;
```

在 reducer 中注意，最好每次返回的都是一个新对象，React 部分特性在组件更新的时候进行浅对比，如果返回的是一个原有对象，经常会造成组件不更新。建立好 reducer 之后，可顺便创建 store，在 src/store.js 中创建 store 代码如下：

```
import {createStore} from "redux";
import reducer from "./reducer";
export default createStore(reducer);
```

3.3.3　数据关联视图完善功能

创建好了 reducer 之后，就可以继续完善整个效果了。这一小节中会把视图和数据进行关联，并完善整个效果的功能。

1）修改 src/index.js 中的代码，这里引入 React-Redux，把 store 关联进整个项目。修改如下：

```
import React from 'react';
import ReactDOM from 'react-dom';
import {Provider} from "react-redux";
import App from "./App";
import store from "./store";
import "./index.css";
ReactDOM.render(
  <Provider store={store}>
    <App />
  </Provider>,
  document.getElementById('root')
);
```

2）修改 src/App.js 中的代码，在 App 中 Todos 和 State 两个组件要根据数据来决定是否显示，当没有数据时 Todos 和 State 不显示。代码如下：

```
import React, { Fragment } from 'react';
import Title from './title';
import Create from './create';
import Todos from './todos';
import State from './state';
import { useSelector } from 'react-redux';
function App(){
let data = useSelector(state=>state);
  return (<div id="todoapp">
    <Title />
    <div className="content">
      <Create />
      {
        data.length>0?<Fragment>
          <Todos />
          <State />
        </Fragment>:""
      }
    </div>
```

```
        </div>)
    }
    export default App;
```

修改 src/create/js。这里要做两件事：

① 把输入框设置为受控组件以便获取输入内容。

② 添加 keydown 事件，在键盘按下时，如果按下的是 Enter 键并且此时输入框不为空，则发起一个 action 添加一项 todo。

代码如下：

```
import React, { useState } from 'react';
import { useDispatch } from 'react-redux';
function Create(){
    const [val,setVal] = useState("");
    const dispatch = useDispatch();
    return (<div id="create-todo">
        <input
            id="new-todo"
            placeholder="请输入要完成的事项"
            autoComplete="off"
            type="text"
            value={val}
            onChange={({target})=>{
                setVal(target.value);
            }}
            onKeyDown={({keyCode})=>{
                if(keyCode === 13&& val.trim()){
                    dispatch({
                        type:"TODO_ADD",
                        title:val
                    });
                    setVal("")
                }
            }}
        />
    </div>)
}
export default Create;
```

3）修改 src/todos.js。在 Todos 中，根据目前的 Todo 数量来生成每一项 todo，并把数据传递给对应的 todo。

```
import React from 'react';
import Li from './li';
```

```
import { useSelector } from 'react-redux';
function Todos() {
  let data = useSelector(state=>state);
  return (<ul id="todo-list">
      {
        data.map(item=>(<Li key={item.id}{...item}/>))
      }
    </ul>
  )
}
export default Todos;
```

4）修改 src/li.js。在 Li 组件中要做的事情比较多，按照功能分别进行讲解。

① 从 props 中解构出 id、title、done。先把视图中显示的文字进行修改，再将复选框改为受控组件并和 done 进行关联。

② 给 destroy 添加单击事件，单击时发起 action 删除本项 todo。

③ 添加编辑功能，这一步相对比较麻烦，为方便读者阅读和理解，下面详细介绍该功能。

● 声明 state，用于控制是否进入编辑状态。当双击文本时，让组件进入编辑状态。当输入框失去焦点时，则退出编辑状态。

● 注意现在进入编辑状态时输入框没有获得焦点，那么单击页面其他区域时，也不会触发输入框的失焦效果。这样的话可能会造成多个 todo 进入编辑状态。为了解决这个问题，这里使用 ref 和 effect，将声明 ref 和 输入框进行绑定，声明 effect 检测编辑状态改变。当编辑状态改变，并且是进入编辑状态时，让输入框获得焦点。这样单击页面其他区域则会触发 blur 事件，让 todo 退出编辑状态。

● 完成编辑功能。这里要注意编辑输入框的值，不能直接和 title 进行绑定做成受控组件。如果用户清空了输入框的值，则退出编辑状态，title 也会变成空的。正确的做法应该是声明一个 state，让 state 的初始值为 title，输入框和该 state 绑定。退出编辑时，判断 state 是否为空，若为空则让 state 恢复为 title，否则再对 state 进行修改。完整的 Li 组件代码如下：

```
import React, { useState, useRef, useEffect } from 'react';
import { useDispatch } from 'react-redux';
function Li (props) {
  let {id,title,done} = props;
  const [isEdit,changeEdit] = useState(false);
  const dispatch = useDispatch();
  let edit = useRef();
  let [val,setVal] = useState(title);
  useEffect(()=>{
    if(isEdit){ edit.current.focus();}
  },[isEdit]);
```

```
return (
  <li className={isEdit?"editing":""}>
    <div className={"todo "+(done?"done":"")}>
      <div className="display">
        <input
          className="check"
          type="checkbox"
          checked={done}
          onChange={({target})=>{
            dispatch({
              type:"TODO_DONE",
              id,
              done:target.checked
            })
          }}
        />
        <div
          className="todo-content"
          onDoubleClick={()=>{
            changeEdit(true);
          }}
        >{title}</div>
        <span
          className="todo-destroy" onClick={()=>{
            dispatch({
              type:"TODO_REMOVE",
              id
            })
          }}
        ></span>
      </div>
      <div className="edit">
        <input
          className="todo-input" type="text"
          ref={edit} value={val}
          onChange={({target})=>{
            setVal(target.value);
          }}
          onBlur={()=>{
            if(val.trim()){
              dispatch({
                type:"TODO_EDIT",
                id,
```

```
                  title:val
                })
            } else {
              setVal(title);
            }
            changeEdit(false);
          }}
        />
      </div>
    </div>
  </li>
  )
}
export default Li;
```

5）修改 src/state.js。在 State 组件中需要获取所有数据，分别筛选出已完成和未完成的数量同步至视图中。另外单击已完成事项按钮时发起一个 action 清空已完成的 todo 项。代码如下：

```
import React from 'react';
import {useSelector,useDispatch} from "react-redux";
function State(){
  let data = useSelector(state=>state);
  let unDone = data.filter(item=>(!item.done));
  let done = data.filter(item=>item.done);
  let dispatch = useDispatch();
  return (<div id="todo-stats">
    <span className="todo-count">
      <span className="number">{unDone.length}</span>
      <span className="word">项目待完成</span>
    </span>
    {
      done.length>0?
        <span className="todo-clear">
          <a
            href="#" onClick={()=>{
              dispatch({ type:"TODO_REMOVE_DONE"})
            }}
          >
            Clear <span>{done.length}</span> 已完成事项
          </a>
        </span> : ""
    }
```

```
    </div>)
  }
  export default State;
```

至此已经完善了整个 todo 的案例。希望各位读者能上手操作一下该案例，实际操作可以帮助加深对知识点的理解，也可以帮助各位更快地熟悉 React 和 Redux。

3.4 reducer 拆分与合并

Redux 中，一个项目只会有一个 store，当项目越来越庞大时，reducer 也将会变得极其庞大，这样会使得项目极其难以维护。为了解决这个问题，开发者可以对 reducer 按照模块进行拆分，这样可以使 reducer 中的结构更加清晰，也便于维护。例如，现在有一个项目，项目中有两个模块的数据 user（用户数据）和 todo（待办事项）。reducer 应该是以下格式：

```
function reducer(state,action){
  switch(action.type){
    ……
  }
  return {
    user:{……}
    todo:[……]
  }
}
```

随着功能的增多，该 reducer 会越来越庞大。现在对该 reducer 进行拆分，把 user 和 todo 的逻辑放在两个不同的函数里进行处理，代码如下：

```
function user(user={……},action){
  switch(action.type){
    ……
  }
  return user;
}
function todo(todo=[……],action){
  switch(action.type){
    ……
  }
  return todo;
}
function reducer(state={},action){
  return {
    user:user(state.user,action)
```

```
    todo:todo(state.todo,action)
  }
}
```

在上述代码中，先声明了一个根 reducer 函数，然后在该函数中拆分出 user 和 todo 两个函数。创建 store 时只需把 reducer 函数传递给 createStore 即可。这样就把不同模块的 state 管理，放在了不同函数中，将来要做修改时，会极大方便开发者定位代码进行维护。另外在 Redux 中有一个方法 combineReducers(rootReducer)，可以帮助开发者快速合并多个 reducer 函数。

combineReducers(rootReducer)方法需要传入一个 rootReducer 对象，它会根据这个对象生成一个 reducer 方法，帮助开发者合并多个 reducer。rootReducer 是一个对象，对象的 key 值是将来生成的 state 的 key 值。属性值则是拆分后的各个 reducer。具体示例如下：

```
combineReducers({
  user:user,
  todo:todo
})
```

当然按照 ES6 中对象的简洁写法，上述代码还可以进一步简化，最终完整代码如下：

```
import {createStore,combineReducers} from "redux";
function user(user={……},action){
  switch(action.type){
    ……
  }
  return user;
}
function todo(todo=[……],action){
  switch(action.type){
    ……
  }
  return todo;
}
const store = createStore(combineReducers({ user, todo}));
```

3.5　rudux-thunk 中间件

Redux 的核心操作比较简单，基于 reducer 创建 store，利用 dispatch 发起 action，reducer 接收到 action 之后，再完成 state 的修改。但在实际工作时，发起 action 之后，到达 reducer 之前，会有一些额外的工作要处理，如日志记录、数据请求等这些都属于副作用，而 reducer 本身是一个纯函数，这时就需要中间件。

middleware 中间件。中间件这个概念有点类似于中间商，之前 dispatch 发起 action 之后，会直接把 action 传递到 reducer 中。使用了中间件之后，dispatch 发起 action 之后，会先把 action 传递给中间件。中间件这时就可以做相关的副作用，处理完之后再由中间件把 action 传递给 reducer。在 Redux 的社群中有很多优秀的中间件，如日志系统 redux-logger、异步中间件 redux-saga、异步中间件 redux-thunk。这里抛砖引玉，着重说一下 redux-thunk。redux-thunk 主要用于解决项目中的异步请求。具体用法如下。

1）在项目中安装 redux-thunk，命令行输入命令：npm i redux-thunk。

2）在创建 store 时，引入中间件。在 Redux 中提供了 applyMiddleware(...middlewares) 方法，项目要引入的 Redux 中间件都可以传递进 applyMiddleware，然后把 applyMiddleware 的返回值传递给 createStore，具体代码如下：

```
import {createStore,applyMiddleware} from "redux";
import reducer from "./reducer";
import thunk from "redux-thunk";
export default createStore(reducer,applyMiddleware(thunk));
```

3）添加完 thunk 之后，在项目中就可以利用 thunk 来做中间处理了。使用了 thunk 之后，dispatch 可以接收两种不同类型的参数。参数类型是对象时，不会经过中间件处理而是直接把 action 发送到 reducer 中。参数类型是函数时，会把执行该函数，以及 dispatch 和 getState 两个方法传递给该函数，在函数中可以进行中间处理，如数据请求等，处理完之后，再调用 dispatch 更新 state。具体示例如下：

```
dispatch(function(dispatch,getState){
  http.get("……")
    .then((res)=>{
      dispatch({
        type:"GET_DATA",
        data: res.data
      })
    });
});
```

3.6　小结

实际工作时并不一定所有项目都需要 Redux，如果项目比较简单没有过多数据需要处理，可以只用 React 就可以了。Redux 的作者 Dan Abramov 也说过："只有遇到 React 实在解决不了的问题时，你才需要 Redux"。另外在真实项目中，也不建议所有的 state 都集中在 Redux 中进行处理，一般情况下只要把异步请求的数据和多个组件之前需要公用的数据，在 Redux 中集中管理即可。

第4章

React-Router

React Router 是完整的 React 路由解决方案，由官方进行维护，是 React 技术栈中不可或缺的组成部分。

4.1   什么是 React-Router

在学习 Router 之前，先来了解一下什么是路由，以及为什么要使用路由。

当应用变得复杂的时候，就需要分块进行处理和展示。传统模式下，开发者会把整个应用分成多个页面，然后通过 URL 进行连接。但是这种方式也有一些问题，每次切换页面都需要重新发送所有请求和渲染整个页面，不仅性能上会有影响，同时也会导致整个 JavaScript 重新执行，丢失状态。现代浏览器的性能越来越高，无刷新加载也使用得越加频繁，为了解决每次切换页面都重新渲染的问题，现在推出了一个专门的方案前端 SPA。

SPA（Single Page Application，单页面应用），整个应用只加载一个页面（入口页面），后续在与用户的交互过程中，通过 DOM 操作在这个单页上动态生成结构和内容。使用 SPA 可以使项目有更好的用户体验，减少请求、渲染和页面跳转产生的等待与空白，另外前端在项目中更具重要性，数据和页面内容都由异步请求（A JAX）+DOM 操作来完成，前端则更多地去处理业务逻辑。

使用 SPA 和路由有什么关联呢？路由简单来说就是一个分发规则，后端接收到不同的 URL 请求会返回给前端不同的视图（页面文件）。但使用了 SPA 之后，视图都是在一个页面通过 JavaScript 动态处理的。这时就需要在前端建立一套路由规则，根据 URL 的在页面动态更新 DOM 来显示不同的视图。

React-Router 就是一套前端路由库，在项目中安装好 React-Router 之后，开发者就可以基于 React 开发单页面多视图的应用。

4.2   React-Router 安装与配置

React-Router 的安装命令如下：npm i react-router-dom。目前 Router 的最新版本是 5.1.2，本书也是基于该版本进行讲解。

WEB 端的 Router 中提供了两种不同的模式< HashRouter/>和<BrowserRouter/>。

HashRouter 是基于 hash 实现的一种路由方式，URL 变化时主要是 hash 值进行变化。如 http://127.0.0.1:3000/#/about、http://127.0.0.1:3000/#/user，可以看到 URL 里一定会有一个#号，也就是 hash 标识。hash 模式的好处是一定不会向服务端发送请求，但 URL 里一定会有一个#号。

BrowserRouter 则是基于 H5 history API 的一种路由方式。history 的 URL 切换基于 history 提供的 pushState 方法，好处是 URL 和之前直接请求后端的 URL 没有什么区别，如 http://127.0.0.1:3000/about、http://127.0.0.1:3000/user。当然问题也同样突出，在部署线上时，要注意直接输入 URL 还是会发起后端请求，所以后端一样也要做处理。

在实际开发时，不管采取哪种路由模式，都需要在项目最外层配置好路由，告诉 React

该项目使用的是哪种路由，具体代码如下：

```
import React from 'react';
import ReactDOM from 'react-dom';
import App from './App';
import {BrowserRouter} from "react-router-dom";
ReactDOM.render(
  <BrowserRouter>
    <App />
  </BrowserRouter>,
  document.getElementById('root')
);
```

如果使用的是 HashRouter，则把 BrowserRouter 替换成 HashRouter 即可。

4.3　Route 组件

HashRouter 和 BrowserRouter 只是提供了不同的路由选择，想要真正使用路由还需要 Route 组件。当浏览器中的 URL 和 Route 组件的 path 匹配时，会呈现对应的 UI。代码格式如下：<Route path="/user" component={UserView} />。这里的 UserView 就是一个视图组件。当 URL 和 path 匹配时，就会去渲染 UserView。

4.3.1　Path 匹配

path 默认情况下是一种模糊匹配，若当前 URL 是以该 path 开始的就会被匹配。示例如下：

```
<Route path="/" component={IndexView} />
<Route path="/about" component={AboutView} />
<Route path="/about/details" component={AboutDetailsView} />
```

当浏览器 URL 为/about/details 时，会发现这三个路由都会被渲染。如果希望 URL 和 path 必须一致时才匹配，就可以使用精确匹配，只要把 Route 的 exact 属性设置为 true，就会采取精确匹配。

```
<Route path="/" exact component={IndexView} />
<Route path="/about" exact component={AboutView} />
<Route path="/about/details" component={AboutDetailsView} />
```

现在当浏览器 URL 为/about/details 时，就只会渲染 AboutDetailsView。

开发者可以基于精确匹配之上再设置严格匹配。如 url 为 /about/时，也能匹配<Route path="/about" exact component={About}/>。如果希望规则更加严格，当/about/末尾带/也不会被匹配到时，可以把该路由设置为严格匹配：<Route path="/about" exact strict component={About}/>

path 里还有两种特殊的写法：多路径匹配和 path 参数。

1）多路径匹配。在 path 中可以传递一个数组，数组中存放多个路径，当其中一个路径与 URL 匹配时，则认定该路由匹配当前 URL。如<Route path={["/about","/index"]} component={About}/>中，可以看到该 Route 匹配两个规则 /about 和 /index。

2）path 参数，及通过 path 进行一些参数的传递。例如现在有一个带翻页导航的列表视图，路径规则为 /list/页码。页码这一项是可变的，在编辑 path 时，不可能写一堆路径在这里，另外页码可能在视图组件中还需要用到，这时就需要使用带参数的 path。如<Route path="/list/:page" exact component={ListView}/>，可以看到 path 里有一个 ：page，:，这是一个标识，标识出这里是一个 path 参数。如果当前 URL 为 /list/1 时，该路由会被匹配，并在路由信息的 params 传递数据 params:{page:1}。page 会被当作参数的 key 值，而 URL 中被匹配到的信息则会解析为 page 的 value。

注：路由信息和 params 在 4.4 节中讲解。

4.3.2 路由渲染

通过路由渲染视图有两种常用的写法 component 和 render。

1）component。使用 Route 的 component 属性渲染视图时，要给 component 传入一个组件，该组件是路由匹配时要渲染的视图。具体代码如下：

```
import React, { Fragment } from 'react';
import { Route } from 'react-router-dom';
function About(){
  return <div>关于我们视图内容</div>
}
function App() {
return <Fragment>
  <Route path="/about" component={About} />
</Fragment>;
}
```

2）render。使用 Route 的 render 属性渲染视图时，要给 render 属性传递一个函数，该函数必须有返回值，返回值可以是视图组件或者 JSX。具体代码如下：

```
function About(){
return    <div>关于我们视图内容</div>
}
function App() {
  return <Fragment>
    <Route path="/about" render={()=><About />} />
```

```
    <Route path="/user" render={()=>(<div>用户中心视图</div>)} />
  </Fragment>;
}
```

4.4　路由信息

被路由直接调用的组件，一般称之为路由组件，Route 在调用路由组件时会给该组件传递 history、location、match 3 个参数。从这 3 个参数中可以获取到一些当前路由的信息。

1）history 是在 H5 history 基础上封装处理的一个新对象，该对象下常用方法和属性如下。

① length，该域下历史记录的条目数。

② location，URL 中的信息，具体参考 location 对象。

③ push(path, [state])，将新条目推入历史记录堆栈，这里也是跳转 URL 的方法，例如单击按钮时想要跳转链接，就可以使用 history. push("url")。state 要传递给新的路由组件的额外信息，会被新的路由组件中 location 的 state 接收。具体示例如下：

```
import React, { Fragment } from 'react';
import { Route } from 'react-router-dom';
function Index(props){
  let {history} = props;
  return <div>
    <p>首页视图</p>
    <button onClick={()=>{
        history.push("/about","从首页过来的跳转")
      }}
    >跳转关于视图</button>
  </div>
}
function About(props){
  return <div>关于视图</div>
}
function App() {
  return <Fragment>
    <Route path="/" exact component={Index} />
    <Route path="/about" exact component={About} />
  </Fragment>;
}
export default App;
```

④ replace(path, [state])，替换历史记录上的当前条目。这同样会引发 URL 跳转，不同的是，此时会在历史记录中替换掉之前的记录。

⑤ go(n)，跳转 n 步历史记录，正数前进 n 步，负数后退 n 步。

⑥ goBack()，等同于 go(-1)返回上一步。

⑦ goForward()，等同于 go(1)前进一步。

2) location 对象，浏览器地址栏相关信息，常用属性如下。

① pathname，URL 的路径，格式为字符串。

② search，URL 中的 search 片段，格式为字符串。

③ hash，URL 中的 hash 片段，格式为字符串。

④ state，路由跳转时传递的额外信息，如 push(path, state)推送过来的 state 信息，格式为对象。

3) match 对象，路由的匹配信息，常用属性如下。

① params，接收 path 参数(:page)传递过来的相关信息，格式为对象。

② isExact，指是否是精确匹配，格式为布尔值。

③ path，Route 中定义的 path 路径，格式为字符串。

④ URL，当前的 URL 路径，格式为字符串。

在获取路由信息时，要注意只有通过 Route component 调用的组件，才会被传递路由信息。而 render 调用时 Route 会把路由信息传递给函数，若想要把参数传递给组件则需要开发者手动传递，示例代码如下：

```
function App() {
  return <Fragment>
    <Route path = "/" exact component = {Index} />
    <Route path = "/about" exact render = {(routeProps)=>{
        return <About {...routeProps} />
    }} />
  </Fragment>;
}
```

4.5　withRouter 和 Router Hooks

除了路由组件外，有时在其他组件中也需要使用到路由信息，如返回上一页的按钮组件，或翻页导航中获取 params 的参数。在 React Router 中提供了两种方法来方便开发者在非路由组件中获取路由信息：withRouter 和 Router Hooks。

4.5.1　withRouter

withRouter 的作用有点类似于 Redux 中的 connect，把要获取路由信息的组件传入 with-Router，withRouter 会把路由信息传递给该组件，并会返回一个新的组件，来方便其他地方调用。具体示例如下：

```
import React from 'react';
import { withRouter } from 'react-router-dom';
function backBtn(props){
  let {history} = props;
  return <button onClick={()=>{
      history.goBack();
    }}>返回上一页</button>
}
backBtn = withRouter(backBtn);
export default backBtn;
```

4.5.2　Router Hooks

除了使用 withRouter 来为非路由组件获取路由信息之外，在 Router 5.x 中新增加了 Router Hooks，使用规则和 React 的其他 Hooks 一致。

1）useHistory 调用该 Hook 会返回 history 对象。

2）useLocation 调用该 Hook 会返回 location 对象。

3）useRouteMatch 调用该 Hook 会返回 match 对象。

4）useParams 调用该 Hook 会返回 match 对象中的 params，也就是 path 传递的参数。

利用 Hook 对返回按钮的例子做一个修改，具体代码如下：

```
import React from 'react';
import { useHistory } from 'react-router-dom';
function backBtn(props){
  let history = useHistory;
  return <button onClick={()=>{
    history.goBack();
  }}>返回上一页</button>
}
export default backBtn;
```

4.6　链接组件

学习完了路由相关知识之后还需要解决一个问题——链接跳转，如果使用 A 标签跳转的话，会导致视图刷新。只是做视图跳转而不是外部链接的话，建议使用 Router 中专门的组件 Link 和 NavLink。

4.6.1　Link 组件

Link 专门用来做跳转链接，其 to 属性中定义的是单击后要跳转的链接地址。to 的属性值有两种形式：字符串和对象。

1）当 to 属性为字符串时，链接地址的编写和正常 URL 没有什么区别，具体代码如下：

```
<Link to="/about">About</Link>
<Link to="/about?search=search值#hash值">About</Link>
```

2）当 to 属性为字符串时，链接地址的编写需要放入对象的相关属性中。具体代码如下：

```
<Link
  to={{
    pathname:"/about",
    search:"?search=search值",
    hash:"#hash值",
    state:{ info:"要传递的其他信息" }
}}
>About</Link>
```

这几个属性的作用分别为：pathname 代表链接路径的字符串；search 代表 URL 中的 search 值；hash 代表 URL 中的 hash 值；state 代表要传递给视图的其他信息。

4.6.2　NavLink 组件

NavLink 是一种特殊的 Link 组件，一般用于做导航中的 Link。和 Link 组件一样，Nav-Link 在 to 属性中编写链接地址，格式和 Link 完全一样。NavLink 一般用在导航的链接上，可以制作导航的选中效果。在 NavLink 中，有 activeClassName、activeStyle 和 isActive 3 个属性来进行选中的设置。

1）activeClassName，设置当前项被选中时的 className。具体代码如下：

```
<nav>
  <NavLink to="/" exact activeClassName="active">首页</NavLink>
  <NavLink to="/about" exact activeClassName="active">关于我们</NavLink>
</nav>
```

当浏览器的 URL 和 NavLink 的 to 匹配时，则会给该项添加选中的 class active。这里要注意 NavLink 默认跟 Route 一样都是模糊匹配，希望精确匹配时也是添加 exact。

2）activeStyle，设置当前项被选中时的 style 样式。具体代码如下：

```
<nav>
```

```
  <NavLink to = "/" exact activeStyle = {{color:"red"}}>首页</NavLink>
  <NavLink to = "/about" exact activeStyle = {{color:"red"}}>关于我们</NavLink>
</nav>
```

3）isActive，该属性用于判断该项是否应该被选中，当不设置该项时，默认情况下会自动匹配 pathName 和 URL，但添加该项之后，就需要根据该项来确认是否应该选中。isActive 中接收的是一个函数，当函数的返回值为 true 时，该项选中，否则该项不选中，完整代码如下：

```
import React, { Fragment } from 'react';
import { Route, NavLink, useLocation } from 'react-router-dom';
const navData = [{
    pathName:"/",
    style:{color:"red"},
    title:"首页",
    render(){
      return <div>首页视图内容</div>
    }
}, {
    pathName:"/about",
    style:{color:"red"},
    title:"关于我们",
    render(){
      return <div>关于我们视图内容</div>
    }
}
];
function Nav(){
  let {pathname} = useLocation();
  return <nav>
    {
      navData.map(item=>{
        return <NavLink
          key={item.pathName}
          to={item.pathName}
          activeStyle={item.style}
          isActive={()=>{
            return pathname === item.pathName;
          }}
        >{item.title}</NavLink> })
    }
  </nav>
}
```

```
function App() {
  return <Fragment>
    <Nav />
      {navData.map(item=>{
          return <Route key={item.pathName} path={item.pathName} exact render=
{item.render} />
      })}
  </Fragment>;
}
export default App;
```

4.7　404 视图

　　既然有路由就需要考虑一个问题 —— 404 视图。当用户访问一些不存在的 URL 时就该返回 404 视图了，但不存在的地址该如何匹配呢？现在使用一个新的组件 Switch。

　　Switch 组件的作用类似于 JS 中的 switch 语句，当一项匹配成功之后，就不再匹配后续内容。这样的话就可以把要匹配的内容写在 Switch 组件中，最后一项写 404 视图，当其他都匹配不成功时就是 404 视图。具体示例如下：

```
import React from 'react';
import { Route, Switch } from 'react-router-dom';
function App(){
  return <Switch>
    <Route path="/" exact component={Index} />
    <Route path="/about" component={About} />
    <Route component={View404} />
  </Switch>
}
```

　　在上例中，会先用 URL 匹配第一项，成功就不再向下执行，不成功的话就再匹配第二项，还是不成功再匹配最后一项。这里注意，404 视图的整个 Route 没有定义，path 则代表匹配所有路径，也就是说上述路径都不匹配时就是 404。

4.8　重定向

　　Redirect 重定向，顾名思义就是重新确认要跳转的方向，或者说要跳转的链接。重定向经常用在有鉴权需求的跳转上，如下例：

```
import React from 'react';
import { Route, Switch, Redirect } from 'react-router-dom';
function App(){
  return <Switch>
    <Route path="/" exact component={Index} />
    <Route path="/about" component={About} />
    <Route path="/user" render={()=>{
        return isLogin?<User />:<Redirect to="/login" />
    }} />
    <Route path="/login" render={()=>{
        return isLogin?<Redirect to="/" />:<Login />
    }} />
    <Route component={View404} />
  </Switch>
}
```

在该案例中，当用户想要跳转用户中心视图时，先判断用户是否登录。若已经登录跳则转用户中心，若没有登录则重定向至登录视图。另外用户访问登录视图时，若用户已经登录则重定向至首页，若用户没有登录则渲染登录视图。

4.9　Router 实战

下面按步骤完成一个 Router 实战。

1）利用脚手架创建一个 React 项目，在项目目录打开命令工具中输入相应命令：create-react-app reactApp。

2）在项目中利用 npm 安装 react-router，在命令行中输入命令：npm i react-router-dom。

3）删除 src 目录中多余的文件，只保留 index.js 和 App.js。

4）在 src 目录中新建 4 个子目录：component、view、data、router，分别用来存放公共组件、各个视图、数据文件、路由信息。

5）修改 src/index.js 中的代码，配置路由模式，具体代码如下：

```
import React from 'react';
import ReactDOM from 'react-dom';
import App from './App';
import {BrowserRouter} from "react-router-dom"
ReactDOM.render(
  <BrowserRouter>
    <App />
```

```
    </BrowserRouter>,
    document.getElementById('root')
);
```

6）在 view 目下新建 4 个 js 文件，分别用来存放首页视图、列表视图、关于视图、404视图。

① 新建 src/view/index.js 文件，在该文件中创建"首页"视图，具体代码如下：

```
import React from 'react';
export default function IndexView(){
    return <div>
        <h1>首页视图</h1>
        <p>首页视图内容</p>
        ……
    </div>
}
```

② 新建 src/view/about.js 文件，在该文件中创建"关于"视图，具体代码如下：

```
import React from 'react';
export default function AboutView(){
  return <div>
      <h1>关于视图</h1>
      <p>关于视图内容</p>
      ……
    </div>
}
```

③ 新建 src/view/list.js 文件，在该文件中创建"列表"视图，具体代码如下：

```
import React from 'react';
export default function ListView(){
  return <div>
      <h1>列表视图</h1>
      <p>列表视图内容</p>
      ……
    </div>
}
```

④ 新建 src/view/404.js 文件，在该文件中创建"404"视图，具体代码如下：

```
import React from 'react';
export default function UndefinedView(){
  Return <div>
      <h1>404 视图</h1>
      <p>404 视图内容</p>
```

```
    ……
  </div>
}
```

7）实际项目中，为了方便管理，通常会把路由相关信息编辑在一个文件里，以方便管理。新建 src/route/router.js 文件，在该文件中用数组形式存放路由信息方便进行批量生产。具体代码如下：

```
import React from "react-router-dom";
import IndexView from "../view/index";
import AboutView from "../view/about";
import ListView from "../view/list";
import UndefinedView from "../view/404";
let routes = [{
    path:"/",
    exact: true,
    render(props){
      return <IndexView {...props}/>
    }
  },{
    path:"/about",
    exact: true,
    render(props){
      return <AboutView {...props}/>
    }
  },{
    path:["/list","/list/:page"],
    exact: true,
    render(props){
      let {page = 1} = props.match.params;
      //解构页码,如果没有传递页面则设置默认值为1.
      if(page>=1){
        //判断页面是否为>1 的数字,如/list/a 等不是数字的情况下,则显示 404 视图
        return <ListView{...props}/>;
      }
      return<UndefinedView{...props}/>
    }
  },{
    path:"",
    exact: false,
    render(props){
      return <UndefinedView{...props}/>
    }
```

```
    }];
let navs = [{
    to:"/",
    exact: true,
    title:"首页"
  },{
    to:"/about",
    exact: true,
    title:"关于"
  },{
    to:"/list",
    title:"课程列表",
    isActive(url){
      let urlData = url.split("/");
      if(url === "/list"
      ||(urlData.length === 3&&urlData[1] === "list"&&urlData[2]>0)){
        //判断 URL 为 "/list" 或 "/list/大于 1 的数字" 时,选中当前项,否则不选中
        return true;
      }
      return false;
    }
}];
export{routes, navs};
```

在上述代码中有两个数组 routes 和 navs，存放的分别是路由数据和导航数据。路由数据中每一项有 3 个字段：path 要匹配的路径、exact 是否精确匹配、render 匹配成功要渲染的内容。导航数据中每一项有 4 个字段：to 跳转路径、title 该项标题、exact 是否精确匹配、isActive 判断是否匹配的回调函数。

8）新建 src/component/nav.js 文件，在文件中根据 navs 数据，生成导航组件，具体代码如下：

```
import React, { Fragment } from "react";
import {navs} from "../route/router";
import { NavLink, useLocation } from "react-router-dom";
export default function Nav(){
  let {pathname} = useLocation();
  return <nav>
      <span> |</span>
      {
        navs.map(item=>{
          return <Fragment key={item.to}>
            <NavLink
```

```
                  to={item.to}
                  exact={item.exact}
                  isActive={item.isActive?()=>{
                    return item.isActive(pathname);
                  }:null}
                  activeStyle={{
                      color: "red"
                  }}
              >{item.title}</NavLink>
              <span> | </span>
            </Fragment>
        })
      }
    </nav>
  )
}
```

9）修改 src/App.js 文件中的代码，引入导航组件，并生成相应路由，具体代码如下：

```
import React, { Fragment } from 'react';
import { Route, Switch } from 'react-router-dom';
import Nav from './component/nav';
import {routes} from "./route/router";
function App() {
  return <Fragment>
    <Nav />
    <Switch>
      {routes.map(item=>{
        return <Route key={item.path} path={item.path} exact={item.exact} ren-
der={item.render} />
      })}
    </Switch>
  </Fragment>;
}
export default App;
```

10）路由生成之后，对 list 视图进一步完善，先准备一份数据，方便 list 的生成。创建 src/data/data.js 文件，在文件中写入 data 的数据，具体代码如下：

```
const data = [{
    id:0,
    title:"Web 全栈架构师",
    describe:"授课深度对标阿里 P6 级,进入 BAT 等一线大厂,成为大厂进阶稀缺人才"
},{
    id:1,
```

```
    title:"Web 前端高级工程师",
    describe:"全面覆盖当下 WEB 开发系统技术栈,走向全栈工程师必经之路"
},{
    id:2,
    title:"Web 金牌就业班",
    describe:"软硬兼施冲刺名企,就业核心竞争力扶摇直上几千里"
},{
    id:3,
    title:"百万架构师",
    describe:"人工智能时代,互联网高可用高并发架构核心技术深度揭秘"
},{
    id:4,
    title:"JavaEE 企业级分布式高级架构师",
    describe:"与大企一线大咖共同打造、重新定义 Java 进阶技能树,迈向架构师之路"
},{
    id:5,
    title:"JavaEE 企业级开发工程师",
    describe:"踏入高级工程师的大门、掌握高薪职位的密钥"
},{
    id:6,
    title:"Java 金牌就业班",
    describe:"聚焦提升就业软实力,专为互联网人设计的综合就业指导方案"
},{
    id:7,
    title:"数据分析全栈工程师",
    describe:"深入 BAT 等公司数据分析岗的必备技能,打造领先的大数据分析体系课程"
}];
export default data;
```

11）新建 src/component/list.js 文件，在该文件中创建 List 组件，用来呈现列表内容。这里进行翻页处理，每页只显示 3 条数据，具体代码如下：

```
import React from 'react';
import data from "../data/data";
const pegeLen = 3; //每页多少条
export default function List(props) {
  //这里接收父级传递的 props ,props 中必须包含 activePage
  //activePage 代表当前实现第几页
  let {activePage} = props;
  let start = (activePage-1)*pegeLen; //当前页从第几条开始,注意页码从 1 开始计数,
但是 JS 从 0 开始计数,所以减 1
  let end = activePage*pegeLen; //当前页到第几条结束
  let nowData = data.filter((item,index)=>index>=start&&index<end);
```

```
  return <ul>
    {nowData.map(item=>{
      return (<li key={item.id}>
        <h2>{item.title}</h2>
        <p>{item.describe}</p>
      </li>)
    })}
  </ul>
}
```

12）新建 src/component/pagation. js 文件，在该文件中写入翻页导航组件，具体代码如下：

```
import React, { Fragment } from 'react';
import { Link } from 'react-router-dom';
export default function Pagation(props){
  let {activePage,pageLength} = props; //activePage 当前第几页,pageLength 总共多少页
    console.log(activePage);
  return <nav>
    {
      [...(".".repeat(pageLength))].map((item,index)=>{
        index++;
        return <Fragment key={index}>
          <span> |</span>
          <Link
            to={"/list/"+index}
            style={{
              color: activePage==index?"red":"#000"
            }}
          >{index}</Link>
        </Fragment>
      })
    }
    <span> |</span>
  </nav>
}
```

13）修改 src/view/list. js 文件的代码，完善整个项目，完整代码如下：

```
import React from 'react';
import List from '../component/list';
import Pagation from '../component/pagation';
import { useParams } from 'react-router-dom';
```

```
import data from "../data/data";
const pageLength = Math.ceil(data.length/3);
export default function ListView(){
    let {page=1} = useParams();
    return <div>
      <h1>列表视图</h1>
      <List
        activePage={page}
      />
      <Pagation
        activePage={page}
        pageLength={pageLength}
      />
    </div>
}
```

4.10   小结

　　本章节系统讲解了 React Router。React Router 作为 React 技术栈不可或缺的一部分，需要 React 开发者们下功夫掌握其相关使用技巧。当然最好的掌握方式还是以实战来进行检测，下一章节会通过一个完整的商城项目，来加深对 React 的学习。

第 **5** 章
商城项目实战

　　搭建网络商城是工作中常见的项目，本章将参考京东、淘宝模式，搭建一个移动端商城项目。git 项目地址为 https://github.com/bubucuo/snow-mall，同时线上将会持续优化更新中。

　　本项目基于 TypeScript 开发，TypeScript 是 JavaScript 的超集，最终会被编译为 JavaScript 代码。它添加了可选的静态类型系统与很多尚未正式发布的 ECMAScript 新特性，如装饰器。而 umi+dva+antd-mobile 是当前 React 社区比较火的框架结合，本项目采用 React+TypeScript+umi +dva+antd-mobile 的框架开发方式进行搭建。

　　在接下来的内容中，将按照开发的流程逐一介绍如何开发一个完整的商城项目。

5.1　模板搭建

本项目将会采用两种模板,分别是带有底部导航条的基础模板 BasicLayout 与权限模板 SecurityLayout。

5.1.1　BasicLayout

基础模板作为所有页面的底层模板,会首先请求用户基本信息,判断是否登录,如果是进入需要登录的页面并且未登录,则跳转登录页,否则留在当前页面。基础模板需要判断是否显示底部导航条,这里设置购物车和登录页不显示。

同时,每个页面刷新都需要判断是否登录,这里获取用户基础信息也都放在基础模板页,同时信息记录到 user state 中。

实现代码如下所示。

```
import React, { useEffect } from 'react';
import { connect } from 'umi';
import { ConnectState, ConnectProps, UserModelState } from '@/models/connect';
import BottomNav from '@/components/BottomNav';
import '@/static/iconfont/iconfont.css';
import styles from './BasicLayout.less';

interface BasicLayoutProps extends ConnectProps {
  user: UserModelState;
}

const BasicLayout: React.FC<BasicLayoutProps> = props => {
  const { children, location, dispatch, user } = props;

  useEffect(() => {
    //获取用户基本信息
    if (dispatch) {
      dispatch({
        type: 'user/fetchCurrent',
      });
    }
  }, []);

  const { pathname } = location;
  const showBottomNav = pathname !== '/login';
```

```
  return (
    <div className={styles.main}>
      <article>{children}</article>
      <footer>{showBottomNav && <BottomNav pathname={pathname} />}</footer>
    </div>
  );
};

export default connect(({ user }: ConnectState) => ({ user }))(BasicLayout);
```

5.1.2 SecurityLayout

权限模板做路由守卫，判断是否登录，未登录则跳转登录页面。这里如果登录，将获取 userid，若没有 userid，则作没有登录的判断。

实现代码如下所示。

```
import React, { ReactElement } from 'react';
import { connect, Redirect } from 'umi';
import { ConnectState, ConnectProps, UserModelState } from '@/models/connect';

interface SecurityLayoutProps extends ConnectProps {
  user: UserModelState;
  children: ReactElement;
}

const SecurityLayout: React.FC<SecurityLayoutProps> = ({
  user,
  children,
  location,
}) => {
  const { userid } = user.currentUser;
  const isLogin = !!userid;
  if (!isLogin) {
    //没有登录 去登录页
    return (
      <Redirect
        to={{ pathname: '/login', state: { from: location.pathname } }}
      />
    );
  }
  return children;
```

```
};

export default connect(({ user }: ConnectState) => ({ user }))(SecurityLayout);
```

5.2　导航组件

导航栏其实就是一个数组的遍历，数组里定义导航项所需要的参数，如导航名称、图标、跳转链接，最后采用 TabBar 组件显示即可。

实现代码如下所示。

```
import React, { Component } from 'react';
import { TabBar } from 'antd-mobile';
import { history } from 'umi';

const menu = [
  {
    title:'首页',
    link:'/',
    icon:'shouye',
  },
  {
    title:'购物车',
    link:'/cart',
    icon:'3',
  },
  {
    title:'订单列表',
    link:'/olist',
    icon:'icon-',
  },
  {
    title:'我的',
    link:'/user',
    icon:'wode',
  },
];

interface BottomNavProps {
  pathname: string;
}
```

```
export default class BottomNav extends Component<BottomNavProps> {
  render() {
    const { pathname } = this.props;
    return (
      <TabBar tintColor = "red">
        {menu.map(({ title, link, icon }) => (
          <TabBar.Item
            key = {link}
            title = {title}
            icon = {<span className = {'iconfont icon-' + icon}></span>}
            selectedIcon = {<span className = {'red iconfont icon-' + icon}></span>}
            selected = {pathname = = = link}
            onPress = {() => {
              history.push(link);
            }}
          />
        ))}
      </TabBar>
    );
  }
}
```

5.3　登录跳转

5.3.1　登录页面与逻辑实现

登录页面效果图如图 5-1 所示。

登录页面只是判断当前页面是否登录，若登录的话则跳转，若没有登录则留在当前登录页，可以做登录操作。这里如果登录要做跳转时分为两种情况：从路由守卫页跳转来的；直接进入登录页的。前者会需要记录下链接存放在 location. state. redirect 的参数，这样跳转完可以再读取这个参数返回原来页面；如果是直接进入登录页，则返回首页即可，或者回到自定义页。

实现代码如下所示。

```
import React, { useEffect } from 'react';
import { InputItem, Button, WingBlank, WhiteSpace } from 'antd-mobile';
import { createForm } from 'rc-form';

interface LoginFormProps {
```

```
    form: {
      getFieldProps: Function;
      getFieldsValue: Function;
    };
    handleSubmit: Function;
}

const LoginForm: React.FC<LoginFormProps> = ({ form, handleSubmit }) => {
    const { getFieldProps, getFieldsValue } = form;
    const submit = () => {
        //登录 搜集信息
        let value = getFieldsValue();
        handleSubmit(value);
    };
    return (
        <WingBlank size="lg">
            <WhiteSpace size="lg" />
            <InputItem
                {...getFieldProps('name')}
                type="text"
                placeholder="请输入账号"
                clear
            >
                账号
            </InputItem>
            <InputItem
                {...getFieldProps('password')}
                type="password"
                placeholder="请输入密码"
                clear
                autoComplete="new-password"
            >
                密码
            </InputItem>
            <WhiteSpace size="lg" />
            <Button type="primary" onClick={submit}>
                登录
            </Button>
        </WingBlank>
    );
};

export default createForm()(LoginForm);
```

●图 5-1　登录页面效果图

5.3.2　用户中心信息展示

用户中心信息展示效果图如图 5-2 所示。

用户中心页面，即 pages/user。这里会去请求用户的详细信息做展示，底部有"退出登录"项，实现逻辑与登录一样。

实现代码如下所示。

```
import React, { useEffect } from 'react';
import { connect, UserModelState } from 'umi';
import { ConnectState, ConnectProps } from '@/models/connect';
import Header from './Header/';
import MyList from './MyList';
import Logout from './Logout/index';


interface UserProps extends ConnectProps {
  user: UserModelState;
```

```
}

const User: React.FC<UserProps> = ({ dispatch, user }) => {
  useEffect(() => {
    // dispatch

    dispatch({ type: 'user/queryDetail' });
  }, []);
  const { name, icon } = user.detail;
  const logout = () => {
    dispatch({ type: 'user/logout' });
  };
  return (
    <div>
      <Header name={name} icon={icon} />
      <MyList />
      <Logout logout={logout} />
    </div>
  );
};
export default connect(({ user }: ConnectState) => ({ user }))(User);
```

●图 5-2　用户中心信息展示效果图

5.4　免登录页面

5.4.1　首页页面

首页效果图如图 5-3 所示。

●图 5-3　首页效果图

首页比较简单，显示搜索条和使用轮播图商品展示。

单击搜索条则进入商品列表页面，单击取消按钮则可以返回首页。

实现代码如下所示。

```
import React from 'react';
import styles from './index.less';
import SearchInput from './SearchInput/index';
import Carousel from './Carousel/index';
import NavTable from './NavTable/index';
import Arc from '@/components/Arc';
import Recommend from './Recommend';


export default () => {
```

```
return (
  <div className={styles.main}>
    <SearchInput />
    <Carousel />
    <Arc />
    <NavTable />
    <Recommend />
  </div>
);
};
```

5.4.2　商品列表

商品列表页效果图如图 5-4 所示。

●图 5-4　商品列表页效果图

商品列表页分成两个部分：顶部搜索与列表查询。

顶部搜索默认聚焦，显示"取消"按钮，单击可返回首页，输入内容则显示"搜索"按钮。列表查询默认显示 10 条内容，下拉则刷新更多。

实现代码如下所示。

```
import React, { Component } from 'react';
import SeachInput from './SearchInput/';
import List from './List/';
import { ProductType } from '@/@types/product';
import { PaginationType } from '@/@types/list';
import { query } from '@/services/search';

interface ListState {
  data: ProductType[];
  pagination: PaginationType;
}

export default class Search extends Component<{}, ListState> {
  state: ListState = {
    data: [],
    pagination: {
      totalPage: 0,
      pageNo: 0,
      pageSize: 10,
      searchKey: ',
    },
  };

  queryList = (pagination?: PaginationType) => {
    //查询列表
    let pageNo = this.state.pagination.pageNo;
    let pageSize = this.state.pagination.pageSize;
    let searchKey = this.state.pagination.searchKey;

    if (pagination) {
      //pageNo = pagination.pageNo || pageNo;
      if (pagination.pageNo !== undefined) {
        pageNo = pagination.pageNo;
      }
      pageSize = pagination.pageSize || pageSize;
      searchKey = pagination.searchKey || searchKey;
    }
    query({
      pageNo,
      pageSize,
      searchKey,
    }).then(res => {
```

```
      const { list } = res;
      this.saveState(list);
    });
  };

  saveState = (partialState: {
    data?: ProductType[];
    pagination: PaginationType;
  }) => {
    let data = [...this.state.data, ...(partialState.data || [])];
    let pagination = {
      ...this.state.pagination,
      ...partialState.pagination,
    };

    if (pagination.pageNo === 0) {
      data = partialState.data || [];
    }

    this.setState({ data, pagination });
  };

  render() {
    const { data, pagination } = this.state;
    return (
      <div>
        <SeachInput queryList={this.queryList} />
        <List data={data} pagination={pagination} queryList={this.queryList} />
      </div>
    );
  }
}
```

5.4.3　商品详情

商品详情页效果图如图 5-5 所示。

商品详情页面除了能够展示商品信息，还可以实现"加入购物车"和"立即购买"的功能。

实现代码如下所示。

●图 5-5　商品详情页效果图

```
import React, { Component } from 'react';
import styles from './[id].less';
import { query } from '@/services/product';
import { IRoute } from 'umi';
import { ProductType } from '@/@types/product';
import Carousel from './Carousel';
import Tags from '@/components/Tags';
import { Card, WhiteSpace } from 'antd-mobile';
import classnames from 'classnames';
import CartAndBuy from './CartAndBuy';


class Product extendsComponent<IRoute, ProductType> {
  state: ProductType = {
    id: ",
    imgs: [],
    price: 0,
    title: ",
    tags: [],
  };


  componentDidMount() {
```

```
    const { id } = this.props.match.params;
    //获取商品详情
    query({ id }).then(res => {
      this.setState({ ...res.data });
    });
  }


  render() {
    const { imgs, price, title, tags } = this.state;
    return (
      <div className={styles.main}>
        <Carousel data={imgs} />
        <WhiteSpace size="lg" />
        <Card full>
          <pclassName={classnames('red', 'bold')}>￥{price}</p>
          <p className="font14">{title}</p>
          <WhiteSpace size="lg" />
          <Tags tags={tags} />
        </Card>

        <CartAndBuy product={this.state} />
      </div>
    );
  }
}


exportdefault Product;
```

5.5　路由守卫页

　　除了首页、登录页面之外，其他的页面如购物车页、用户详情页等，都应该在登录的情况下才能访问，这样的被保护起来的页面统称为路由守卫页面。

5.5.1　购物车

　　购物车页效果图如图 5-6 所示。
　　购物车页可实现购物车编辑功能，最终实现结算，在这里为了让用户聚焦于购买，不再显示底部导航栏。
　　实现代码如下所示。

●图 5-6　购物车页效果图

```
import React, { Component } from 'react';
import styles from './index.less';
import{ query } from '@/services/cart';
import { CartProductType } from '@/@types/Product';
import List, { UpdateProductType } from './List';
import PayBar from './PayBar';
import { connect, history } from 'umi';
import { ConnectProps, ConnectState } from '@/models/connect';
import { editCart } from '@/services/editCart';

interface CartState {
  data: CartProductType[];
}

class Cart extends Component<ConnectProps, CartState> {
  state: CartState = { data: [] };

  componentDidMount() {
    query().then(res => {
```

```
      this.setState({ data: res.list.data });
    });
  }

  updateProduct = (newState: UpdateProductType) => {
    const { id, index, count, checked } = newState;
    let data = [...this.state.data];
    if (count === 0) {
      data.splice(index, 1);
    } else {
      Object.assign(data[index], newState);
    }

    editCart({ id, count }).then(res => {
      this.setState({ data });
    });
  };

  checkedAllChange = (allChecked: boolean) => {
    let data = [...this.state.data];
    data.every(item => (item.checked = allChecked));
    this.setState({ data });
  };

  goPay = () => {
    const { data } = this.state;
    const checkedData = data.filter(item => item.checked);
    this.props.dispatch({
      type: 'cart/saveCart',
      payload: { data: checkedData },
    });
    history.push('/confirmBill');
  };

  render() {
    const { data } = this.state;
    return (
      <div className={styles.main}>
        <List data={data} updateProduct={this.updateProduct} />
        <PayBar
          data={data}
          checkedAllChange={this.checkedAllChange}
```

```
            goPay={this.goPay}
        />
    </div>
  );
 }
}

export default connect(({ cart }: ConnectState) => ({ cart }))(Cart);
```

5.5.2 确认订单

确认订单页效果图如图 5-7 所示。

● 图 5-7 确认订单页效果图

效果图显示列表信息，然后去支付订单。
实现代码如下所示。

```
import React, { Component } from 'react';
import { WingBlank, WhiteSpace, Toast } from 'antd-mobile';
import ReceivingInfo, { ReceivingInfoType } from './ReceivingInfo';
```

```
import { getDefaultReceivingInfo } from '@/services/confirmBill';
import { connect, history } from 'umi';
import { ConnectState, ConnectProps, CartModelState } from '@/models/connect';
import ListNode from './ListNode';
import PayBar from './PayBar';

export interface ConfirmBillProps extends ConnectProps {
  cart: CartModelState;
}

export interface ConfirmBillState {
  receivingInfo: ReceivingInfoType;
}

class ConfirmBill extends Component<ConfirmBillProps, ConfirmBillState> {
  state: ConfirmBillState = {
    receivingInfo: {
      name: '',
      tel: '',
      address: '',
    },
  };
  componentDidMount() {
    const { data } = this.props.cart;
    if (data.length === 0) {
      Toast.info('请重新进入确认订单页面!');
      history.go(-1);
    } else {
      getDefaultReceivingInfo().then(res => {
        this.setState({ receivingInfo: { ...res } });
      });
    }
  }
  render() {
    const { receivingInfo } = this.state;
    const { data } = this.props.cart;
    let totalPrice = 0,
      allCount = 0;
    const getList = data.map(item => {
      if (item.checked) {
        totalPrice += item.price * item.count;
        allCount += item.count;
```

```
    }
    return <ListNode key={item.id} {...item} />;
  });
  return (
    <WingBlank size="lg">
      <WhiteSpace size="lg" />
      <ReceivingInfo {...receivingInfo} />
      <WhiteSpace size="lg" />
      <div>{getList}</div>
      <PayBar totalPrice={totalPrice} count={allCount} />
    </WingBlank>
  );
  }
}

export default connect(({ cart }: ConnectState) => ({ cart }))(ConfirmBill);
```

5.5.3 支付

支付页效果图如图 5-8 所示。

●图 5-8 支付页效果图

这里显示支付窗口，实现逻辑很简单，用户单击"去支付"，则收集订单信息、显示覆盖页面的弹窗，单击"立即付款"，则访问服务端，显示结果即可。

实现代码如下所示。

```
import React, { useCallback } from 'react';
import { history } from 'umi';
import {
  Drawer,
  Card,
  InputItem,
  Button,
  WhiteSpace,
  Toast,
} from 'antd-mobile';
import classnames from 'classnames';
import styles from './index.less';

interface PayModalProps {
  showPay: boolean;
  onOpenChange: () => void;
}

const PayModal: React.FC<PayModalProps> = ({ showPay, onOpenChange }) => {
  const pay = useCallback(() => {
    //模拟支付
    setTimeout(() => {
      Toast.success('支付成功!', 2);
      onOpenChange();
      setTimeout(() => {
        history.push('/olist');
      }, 2000);
    }, 1000);
  }, []);

  const sidebar = (
    <Card>
      <Card.Header title="付款详情" />
      <Card.Body>
        <InputItem type="phone" placeholder="请输入手机号" clear />
        <div className={classnames(styles.auth, 'xyCenter')}>
```

```
          <InputItem
            type = "number"
            maxLength = {6}
            placeholder = "请输入 6 位验证码"
            clear
          />
          <Button className = {styles.authBtn}>发送验证码</Button>
        </div>
        <WhiteSpace size = "lg" />
        <Button type = "primary" onClick = {pay}>
          立即付款
        </Button>
      </Card.Body>
    </Card>
  );


  return (
    <Drawer
      className = {styles.main}
      position = "bottom"
      style = {{ minHeight: document.documentElement.clientHeight }}
      enableDragHandle
      contentStyle = {{
        color: '#A6A6A6',
        textAlign: 'center',
        paddingTop: 42,
      }}
      sidebar = {sidebar}
      open = {showPay}
      onOpenChange = {onOpenChange}
      children = {<div></div>}
    ></Drawer>
  );
};


export default PayModal;
```

支付成功，隐藏原先支付窗口，显示 message 2 s 停留之后，跳转支付成功页即可，效果图如图 5-9 所示。

●图 5-9　支付成功页效果图

5.5.4　订单列表

　　支付成功之后，跳转列表页，列表页直接读取服务端接口，获取当前用户所有订单列表信息，效果图如图 5-10 所示。
　　实现代码如下所示。

```
import React, { Component } from 'react';
import { WingBlank, WhiteSpace } from 'antd-mobile';
import { query } from '@/services/olist';
import { CartProductType } from '@/@types/product';
import List from './List/index';

export interface OListState {
  data: CartProductType[];
}

class OList extends Component<{}, OListState> {
```

```
  state: OListState = {
    data: [],
  };
  componentDidMount() {
    query().then(res => {
      this.setState({ data: res.list.data });
    });
  }
  render() {
    const { data } = this.state;
    return (
      <WingBlank size="lg">
        <WhiteSpace size="lg" />
        <List data={data} />
      </WingBlank>
    );
  }
}

export default OList;
```

● 图 5-10   订单列表页效果图

5.6　小结

至此，本项目开发介绍完毕，综合来说，项目开发中需要用户考虑到的框架、路由守卫本书已经做了详细讲解，由于框架基于 umi+antd，而这两个框架的使用随着版本更新，API 肯定会有改变，需要注意的是，读者应该关注的核心是项目开发的思想，而不是 API 如何改变。

扫一扫观看串讲视频

第 **6** 章

React 原理解析

前面已经系统学习了 React 的用法，那么 React 内部都是怎么运转的呢？接下来我们就分别从 React 源码中的常用变量和数据结构、初次渲染与更新、任务调度、Hook 原理、事件系统等几个角度来分析下 React 内部的工作原理。

6.1　React 源码中的常用变量和数据结构

React 源码中有很多常用变量，如标记节点类型的 fiber.tag 等，提前了解这些，对于后文阅读源码非常有用。

6.1.1　WorkTag

WorkTag 用来标记 React 中有不同元素，如原生 HTML 标签元素、函数组件、class 组件、Provider 组件、Consumer 组件等，这些通常体现在 fiber 的 tag 值上，具体如下：

```
export const FunctionComponent = 0;          //函数组件
export const ClassComponent = 1;             //class 组件
export const IndeterminateComponent = 2;     //函数组件或者 class 组件
export const HostRoot = 3;                   //根节点,可能嵌套
export const HostPortal = 4;                 //传送门组件
export const HostComponent = 5;              //原生标签元素
export const HostText = 6;                   //文本
export const Fragment = 7;
export const Mode = 8;
export const ContextConsumer = 9;
export const ContextProvider = 10;
export const ForwardRef = 11;
export const Profiler = 12;
export const SuspenseComponent = 13;
export const MemoComponent = 14;
export const SimpleMemoComponent = 15;
export const LazyComponent = 16;
export const IncompleteClassComponent = 17;
export const DehydratedFragment = 18;
export const SuspenseListComponent = 19;
export const FundamentalComponent = 20;
export const ScopeComponent = 21;
export const Block = 22
```

6.1.2　SideEffectTag

SideEffectTag 用来标记 React 中更新的类型，如没有更新是 NoEffect，插入为 Placement。

```
export type SideEffectTag = number;


//Don't change these two values. They're used by React Dev Tools.
export const NoEffect = /*                      */0b0000000000000;
export const PerformedWork = /*                 */0b0000000000001;


//You can change the rest (and add more).
export const Placement = /*                     */0b0000000000010;
export const Update = /*                        */0b0000000000100;
export const PlacementAndUpdate = /*            */0b0000000000110;
export const constDeletion = /*                 */0b0000000001000;
export const ContentReset = /*                  */0b0000000010000;
export const Callback = /*                       */0b0000000100000;
export const DidCapture = /*                     */0b0000001000000;
export const Ref = /*                            */0b0000010000000;
export const Snapshot = /*                       */0b0000100000000;
export const Passive = /*                        */0b0001000000000;
export const Hydrating = /*                      */0b0010000000000;
export const HydratingAndUpdate = /*            */0b0010000000100;


//Passive & Update & Callback & Ref & Snapshot
export const LifecycleEffectMask = /*           */0b0001110100100;


//Union of all host effects
export const HostEffectMask = /*                 */0b0011111111111;


export const Incomplete = /*                     */0b0100000000000;
export const ShouldCapture = /*                  */0b1000000000000;
```

　　这里的 effectTag 都是二进制，这个和 React 中用到的位运算有关。位运算只能用于整数，并且是直接对二进制位进行计算，直接处理每一个比特位，是非常底层的运算，运算速度极快。例如 workInProgress. effectTag 为 132，此时，workInProgress. effectTag & Update 和 workInProgress. effectTag & Ref 在布尔值上都是 true，这个时候就是既要执行 update effect，还要执行 ref update。再比如 workInProgress. effectTag |= Placement；这里就是指给 workInProgress 添加一个 Placement 的副作用。这种处理不仅速度快，而且简洁方便，是非常巧妙的方式，值得学习借鉴。

6.1.3　ExecutionContext

　　ExecutionContext 用来标记 React 执行栈（React execution stack）中目前所处的环境，所对应的全局变量是 react-reconciler/src/ReactFiberWorkLoop. js 文件中的 executionContext。同样用到了位运算，位运算计算可参考 6.1.2 节。

```
type ExecutionContext = number;

const NoContext = /*                      */0b000000;
const BatchedContext = /*                 */0b000001;
const EventContext = /*                   */0b000010;
const DiscreteEventContext = /*           */0b000100;
const LegacyUnbatchedContext = /*         */0b001000;
const RenderContext = /*                  */0b010000;
const CommitContext = /*                  */0b100000;
```

6.1.4   PriorityLevel

PriorityLevel 用来标记更新的优先级，如提交更新时用 ImmediatePriority，即立即执行的优先级，而用户交互的行为事件的优先级是 UserBlockingPriority。

```
export type PriorityLevel = 0 |1 |2 |3 |4 |5;

export const NoPriority = 0;
export const ImmediatePriority = 1;
export const UserBlockingPriority = 2;
export const NormalPriority = 3;
export const LowPriority = 4;          //低优先级,如异步 数字越大,优先级越低
```

6.1.5   RootTag

RootTag 用来标记模式类型，目前默认是 LegacyRoot 模式，BlockingRoot 和 ConcurrentRoot 模式目前均处于实验阶段，只可在实验版本使用。

```
export type RootTag = 0 |1 |2;

export const LegacyRoot = 0;
export const BlockingRoot = 1;
export const ConcurrentRoot = 2;
```

1）legacy 模式：ReactDOM. render(<App />, rootNode)。这是当前 React APP 使用的方式。当前没有计划删除本模式，但是这个模式可能不支持某些新功能。

2）blocking 模式：ReactDOM. createBlockingRoot(rootNode). render(<App />)。目前正在实验中。作为迁移到 concurrent 模式的第一个步骤。

3）concurrent 模式：ReactDOM. createRoot(rootNode). render(<App />)。目前在实验中，未来稳定之后，打算作为 React 的默认开发模式。这个模式开启了所有的新功能。

6.1.6　RootExitStatus

这里标记了根节点退出时的状态值，未完成为 RootIncomplete，已完成为 RootCompleted。

```
type RootExitStatus = 0 |1 |2 |3 |4 |5;
const RootIncomplete = 0;
const RootFatalErrored = 1;
const RootErrored = 2;
const RootSuspended = 3;
const RootSuspendedWithDelay = 4;
const RootCompleted = 5;
```

6.1.7　currentEventTime

过期时间是根据加上当前时间得出来的（当前时间就是指开始时间）。在 React 中，如果两个 update 是在一个事件上进行调度的，就把它们的开始时间当作同一个（实际上时间是有差值的，但是可以忽略不计）。

换句话说，由于是过期时间决定了 update 是如何批量执行的，我们希望相似优先级并且发生在同一个事件上的 update 接收相同的过期时间。其中 MAGIC_NUMBER_OFFSET 是 V8 中 32 位系统的最大整数，即 0b1111111111111111111111111111111($\mathrm{Math.pow}(2, 30) - 1$）。

```
let currentEventTime: ExpirationTime = NoWork;

export type ExpirationTime = number;

export const NoWork = 0;
export const Never = 1;
export const Idle = 2;
export const ContinuousHydration = 3;
export const Sync = MAX_SIGNED_31_BIT_INT; ////Math.pow(2,30) - 1
export const Batched = Sync - 1; //Math.pow(2,30) - 2
```

6.2　初次渲染与更新

ReactDOM. render 可以触发初次渲染与更新，setState、forceUpdate 和 Hook 方法等均可以触发更新，接下来章节将会从源码级别逐一介绍。

6.2.1　ReactDOM. render

ReactDOM. render 函数通常是项目的入口文件，函数签名如下：

```
ReactDOM.render(element, container[, callback])
```

其中 element 是要渲染的 React 元素，container 则是容器，在初次渲染或者更新完成后，如果定义了 callback 回调，则会执行 callback。以下是 render 函数的定义，可以看到它实际调用了 legacyRenderSubtreeIntoContainer：

```
export function render(
  element: React $ Element<any>,
  container: Container,
  callback: ?Function,
) {
  return legacyRenderSubtreeIntoContainer(
    null,
    element,
    container,
    false,
    callback,
  );
}
```

legacyRenderSubtreeIntoContainer 里会判断是否是初次渲染，若是初次渲染则创建 Fiber-Root 节点，下一步非批量执行 updateContainer；如果不是初次渲染，则直接执行 updateContainer。这两次都会判断 callback 回调是否存在，存在的话，则传参给 updateContainer。

```
function legacyRenderSubtreeIntoContainer(
  parentComponent: ?React $ Component<any, any>,
  children:ReactNodeList,
  container: Container,
  forceHydrate: boolean,
  callback: ?Function,
) {
  let root: RootType = (container._reactRootContainer: any);
  //创建 fiberRoot;
  let fiberRoot;
  if (!root) {
    //Initial mount 首次渲染
    root = container._reactRootContainer = legacyCreateRootFromDOMContainer(
      container,
      forceHydrate,
```

```
    );
    fiberRoot = root._internalRoot;
    if (typeof callback = = = 'function') {
      const originalCallback = callback;
      callback = function() {
        constinstance = getPublicRootInstance(fiberRoot);
        originalCallback.call(instance);
      };
    }
    // Initial mount should not be batched.
    //初次渲染不使用 batchedUpdates,因为需要尽快完成
    unbatchedUpdates(() => {
      updateContainer(children, fiberRoot,parentComponent, callback);
    });
  } else {
    fiberRoot = root._internalRoot;
    if (typeof callback = = = 'function') {
      const originalCallback = callback;
      callback = function() {
        const instance = getPublicRootInstance(fiberRoot);
        //让 callback 的 this 指向 instance
        originalCallback.call(instance);
      };
    }
    //Update
    updateContainer(children, fiberRoot, parentComponent, callback);
  }
  return getPublicRootInstance(fiberRoot);
}
```

为快速完成渲染，初次渲染为非批量更新。

```
export function unbatchedUpdates<A, R>(fn: (a: A) => R, a: A): R {
  const prevExecutionContext = executionContext;
  //去掉当前执行环境的批量执行标记(如果有的话)
  executionContext &= ~BatchedContext;
  //给当前执行环境加上非批量标记
  executionContext |= LegacyUnbatchedContext;
  try {
    returnfn(a);
  } finally {
    executionContext = prevExecutionContext;
    if (executionContext = = = NoContext) {
```

```
        flushSyncCallbackQueue();
      }
    }
  }
```

updateContainer 与 setState、forceUpdate 非常相似，可对比学习。关于 updateContainer，其流程是先创建一个 update，payload 的参数就是 element，即要渲染的 React 元素。关于 en-queueUpdate 和 scheduleUpdateOnFiber 后文将会详细介绍。updateContainer 的执行与后文的 set-State 对比后会发现，setState 的执行也有 payload 参数，即 partialState（数据类型是 function 或者 object），tag 值为 UpdateState，forceUpdate 的执行则没有 payload 参数，但是有 tag 参数为 ForceUpdate。

```
export function updateContainer(
  element: ReactNodeList,
  container: OpaqueRoot,
  parentComponent: ?React $ Component<any, any>,
  callback: ?Function,
): ExpirationTime {
  const current = container.current;
  const currentTime = requestCurrentTimeForUpdate();
  const suspenseConfig = requestCurrentSuspenseConfig();
  const expirationTime = computeExpirationForFiber(
    currentTime,
    current,
    suspenseConfig,
  );
  const context = getContextForSubtree(parentComponent);
  if (container.context === null) {
    container.context = context;
  } else {
    container.pendingContext = context;
  }
  const update = createUpdate(expirationTime, suspenseConfig);
  update.payload = {element};

  callback = callback === undefined ? null : callback;
  if (callback !== null) {
    update.callback = callback;
  }
  enqueueUpdate(current, update);
  scheduleUpdateOnFiber(current, expirationTime);
  return expirationTime;
}
```

6. 2. 2 setState

setState 定义的代码片段如下所示，其中 partialState 是传入的参数，数据类型为 object 或 function，callback 是更新完成之后执行的回调函数。

```
Component.prototype.setState = function(partialState, callback) {
  this.updater.enqueueSetState(this, partialState, callback, 'setState');
};
```

可以看到，Component.prototype.setState 最终调用的是 enqueueSetState，在这个函数里，首先还是创建一个 update（createUpdate），然后再去执行 enqueueUpdate，把 update 放入更新队列，最后执行 scheduleUpdateOnFiber 处理 update。

```
enqueueSetState(inst, payload, callback) {
    const fiber = getInstance(inst);
    const currentTime = requestCurrentTimeForUpdate();
    const suspenseConfig = requestCurrentSuspenseConfig();
    const expirationTime = computeExpirationForFiber(
      currentTime,
      fiber,
      suspenseConfig,
    );

    const update = createUpdate(expirationTime, suspenseConfig);
    update.payload = payload;
    if (callback !== undefined && callback !== null) {
      update.callback = callback;
    }

    enqueueUpdate(fiber, update);
    scheduleUpdateOnFiber(fiber, expirationTime);
  }
```

6. 2. 3 forceUpdate

forceUpdate 定义的代码片段如下所示，其中 callback 为回调函数。

```
Component.prototype.forceUpdate = function(callback) {
  this.updater.enqueueForceUpdate(this, callback, 'forceUpdate');
};
```

具体的执行操作发生在 enqueueForceUpdate，同样也是用 createUpdate 去创建一个 update，不同的是这里没有 payload 参数，取而代之的是 tag 被标记为 ForceUpdate。

```
enqueueForceUpdate(inst, callback) {
    const fiber = getInstance(inst);
    const currentTime = requestCurrentTimeForUpdate();
    const suspenseConfig = requestCurrentSuspenseConfig();
    const expirationTime = computeExpirationForFiber(
      currentTime,
      fiber,
      suspenseConfig,
    );
    const update = createUpdate(expirationTime, suspenseConfig);
    update.tag = ForceUpdate;
    if (callback !== undefined && callback !== null) {
      update.callback = callback;
    }
    enqueueUpdate(fiber, update);
    scheduleUpdateOnFiber(fiber, expirationTime);
  }
```

6.2.4　render、setState、forceUpdate 对比

对比 updateContainer、enqueueSetState 与 enqueueForceUpdate 的执行过程，它们非常相似，都分成以下 4 个步骤。

1）获取对应组件的 fiber，若没有则需要创建。

2）获取 currentTime，这里时间计算参考 6.2.7 节。

3）获取过期时间，这里时间计算参考 6.2.7 节。

4）创建更新 createUpdate。

这里根据过期时间和 SuspenseConfig 创建一个 update 对象，tag 初始化为 UpdateState，payload 与 callback 初始化为 null，在 setState 与 forceUpdate 中，这 3 个参数会再做赋值。例如在 enqueueForceUpdate 中，tag 被标记为 ForceUpdate。

```
export function createUpdate(
  expirationTime: ExpirationTime,
  suspenseConfig: null | SuspenseConfig,
): Update<*> {
  let update: Update<*> = {
    expirationTime,
    suspenseConfig,

    tag: UpdateState,
    payload: null,
```

```
    callback: null,

    next: null,
  };
  return update;
}
```

关于 UpdateState 参数，在 react-reconciler/src/ReactUpdateQueue.js 文件中有定义：意思和命名相同，如 setState、render 渲染更新，update.tag 就是 UpdateState；replaceState 执行替换 state，这个时候的 update.tag 就是 ReplaceState；forceUpdate 强制渲染，update.tag 就是 ForceUpdate；发生错误阶段执行 createRootErrorUpdate 或者 createClassErrorUpdate 函数，这个时候的 update.tag 就是 CaptureUpdate。

```
exportconst UpdateState = 0;
export const ReplaceState = 1;
export const ForceUpdate = 2;
export const CaptureUpdate = 3;
```

在 render、setState、forceUpdate 最后都是先执行 enqueueUpdate 去生成 update 链表，然后执行 scheduleUpdateOnFiber 去渲染更新。

6.2.5 enqueueUpdate

enqueueUpdate 是把更新入栈，生成一个链表结构存储更新链表。实现代码如下：

```
export function enqueueUpdate<State>(fiber: Fiber, update: Update<State>) {
  const updateQueue = fiber.updateQueue;
  if (updateQueue === null) {
    //fiber 已经被卸载
    return;
  }

  const sharedQueue = updateQueue.shared;
  const pending = sharedQueue.pending;
  if (pending === null) {
    //pending 为空,证明是第一个 update,创建一个圆环
    update.next = update;
  } else {
    update.next = pending.next;
    pending.next = update;
  }
  sharedQueue.pending = update;
}
```

6.2.6　scheduleUpdateOnFiber

　　scheduleUpdateOnFiber 函数是处理 fiber 上更新开始的地方。根据当前 executionContext 参数值的不同，判断不同的更新。例如，如果是 render 触发，则当前过期时间 expirationTime 是 Sync，因为 render 里执行 updateContainer 的时候用的是非批量更新，则 executionContext 为 LegacyUnbatchedContext，直接执行 schedulePendingInteractions 与 performSyncWorkOnRoot。

```
export function scheduleUpdateOnFiber(
  fiber: Fiber,
  expirationTime: ExpirationTime,
) {
  checkForNestedUpdates();

  const root = markUpdateTimeFromFiberToRoot(fiber, expirationTime);
  if (root === null) {
    return;
  }

  const priorityLevel = getCurrentPriorityLevel();

  if (expirationTime === Sync) {
    if (
      //检查是否处于 unbatchedUpdates(非批量更新)
      (executionContext & LegacyUnbatchedContext) !== NoContext &&
      //检查是否还没有渲染
      (executionContext & (RenderContext |CommitContext)) === NoContext
    ) {
      schedulePendingInteractions(root, expirationTime);
      performSyncWorkOnRoot(root);
    } else {
      ensureRootIsScheduled(root);
      schedulePendingInteractions(root, expirationTime);
      if (executionContext === NoContext) {
        flushSyncCallbackQueue();
      }
    }
  } else {
    ensureRootIsScheduled(root);
    schedulePendingInteractions(root, expirationTime);
  }
```

```
if (
  (executionContext & DiscreteEventContext) !== NoContext &&
  (priorityLevel === UserBlockingPriority ||
    priorityLevel === ImmediatePriority)
) {
  if (rootsWithPendingDiscreteUpdates === null) {
    rootsWithPendingDiscreteUpdates = new Map([[root, expirationTime]]);
  } else {
    const lastDiscreteTime = rootsWithPendingDiscreteUpdates.get(root);
    if (lastDiscreteTime === undefined || lastDiscreteTime > expirationTime) {
      rootsWithPendingDiscreteUpdates.set(root, expirationTime);
    }
  }
}
```

6.2.7 时间计算

React 源码中有一些时间机制, 用于调度逻辑, 下面进行详细介绍。

1. currentTime

currentTime 即当前时间, 在获取它的时候, 首先会根据当前的执行环境来判断, 如果是 render 或者 commit 阶段, 则 currentTime 就是当前的时间, 如果是同一个 update, 通常会使用 requestCurrentTimeForUpdate 函数, 逻辑如下:

```
export function requestCurrentTimeForUpdate() {
  if ((executionContext & (RenderContext |CommitContext)) !== NoContext) {
    //当前是 render 阶段或者 commit 阶段,则直接返回当前时间即可
    return msToExpirationTime(now());
  }

  if (currentEventTime !== NoWork) {
    //同一个 event 上的 updates 使用同一个 currentTime
    return currentEventTime;
  }
  //第一次进入 update,计算一个新的开始时间
  currentEventTime = msToExpirationTime(now());
  return currentEventTime;
}
```

可以看到, 这里的时间都需要 msToExpirationTime 函数来做转换, 这是因为 React 中的 currentTime 并不是 ms, 而是需要将 ms 经过转换之后的时间值, 这种时间单位为过期时间, 其转化公式如下:

```
const UNIT_SIZE = 10;
const MAGIC_NUMBER_OFFSET = Batched - 1; //Math.pow(2, 30) - 3

//一个单位的过期时间代表10ms
export function msToExpirationTime(ms: number): ExpirationTime {
  return MAGIC_NUMBER_OFFSET - ((ms /UNIT_SIZE) |0);
}
```

ms 可以转化为过期时间格式，那么反过来也可以：

```
export function expirationTimeToMs(expirationTime: ExpirationTime): number {
  return (MAGIC_NUMBER_OFFSET - expirationTime) * UNIT_SIZE;
}
```

2. expirationTime

expirationTime 主要与 currentTime 和优先级有关，下面是 expirationTime 的计算函数。可以看到，如果是需要立即执行，即 priorityLevel 为 ImmediatePriority，则当前为同步任务，直接返回 Sync。

```
export function computeExpirationForFiber(
  currentTime: ExpirationTime,
  fiber: Fiber,
  suspenseConfig: null |SuspenseConfig,
): ExpirationTime {
  const mode = fiber.mode;
  if ((mode & BlockingMode) = = = NoMode) {
    return Sync;
  }
  const priorityLevel = getCurrentPriorityLevel();
  if ((mode & ConcurrentMode) = = = NoMode) {
    return priorityLevel = = = ImmediatePriority ? Sync : Batched;
  }
  if ((executionContext & RenderContext) != = NoContext) {
    return renderExpirationTime;
  }
  let expirationTime;
  if (suspenseConfig != = null) {
    expirationTime = computeSuspenseExpiration(
      currentTime,
      suspenseConfig.timeoutMs |0 ||LOW_PRIORITY_EXPIRATION,
    );
  } else {
    switch (priorityLevel) {
      case ImmediatePriority:
```

```
      expirationTime = Sync;
      break;
    case UserBlockingPriority:
      expirationTime = computeInteractiveExpiration(currentTime);
      break;
    case NormalPriority:
    case LowPriority:
      expirationTime = computeAsyncExpiration(currentTime);
      break;
    case IdlePriority:
      expirationTime = Idle;
      break;
    default:
      invariant(false, 'Expected a valid priority level');
    }
  }
  if (workInProgressRoot !== null && expirationTime === renderExpirationTime) {
    expirationTime -= 1;
  }
  return expirationTime;
}
```

6.3 任务调度

6.3.1 performSyncWorkOnRoot

performSyncWorkOnRoot 函数是同步任务的入口点，如 ReactDOM. render 函数就会执行到这里。

```
function performSyncWorkOnRoot(root) {
  //执行副作用
  flushPassiveEffects();

  const lastExpiredTime = root.lastExpiredTime;

  let expirationTime;
  if (lastExpiredTime !== NoWork) {
    //root 上有过期的任务,检查是否可以复用
    if (
```

```
      root === workInProgressRoot &&
      renderExpirationTime >= lastExpiredTime
    ) {
      expirationTime = renderExpirationTime;
    } else {
      //开启一个新树
      expirationTime = lastExpiredTime;
    }
  } else {
    //没有过期任务
    expirationTime = Sync;
  }


  let exitStatus = renderRootSync(root, expirationTime);

  if (root.tag !== LegacyRoot && exitStatus === RootErrored) {
    //如果抛出错误,就再尝试 render 一次,再失败的话,就放弃
    expirationTime = expirationTime > Idle ? Idle : expirationTime;
    exitStatus = renderRootSync(root, expirationTime);
  }

  if (exitStatus === RootFatalErrored) {
    const fatalError = workInProgressRootFatalError;
    prepareFreshStack(root, expirationTime);
    markRootSuspendedAtTime(root, expirationTime);
    ensureRootIsScheduled(root);
    throw fatalError;
  }

  //到现在为止,我们有了一棵连续树,因为是同步 render,就算是还有 suspended 组件,接下来的
任务依然是 commit
  root.finishedWork = (root.current.alternate: any);
  root.finishedExpirationTime = expirationTime;


  commitRoot(root);

  //退出之前,确保没有挂载中的任务需要被执行
  ensureRootIsScheduled(root);


  return null;
}
```

6.3.2 renderRootSync

这里首先设置当前的上下文变量 executionContext，通过位运算，使其标记 RenderContext，之后执行 workLoopSync，再重置 executionContext，去掉 RenderContext 标记。

```
function renderRootSync(root, expirationTime) {
  const prevExecutionContext = executionContext;
  executionContext |= RenderContext;
  const prevDispatcher = pushDispatcher(root);

  //如果 root 的 expiration time 发生改变
  if (root !== workInProgressRoot || expirationTime !== renderExpirationTime) {
    prepareFreshStack(root, expirationTime);
    startWorkOnPendingInteractions(root, expirationTime);
  }

  const prevInteractions = pushInteractions(root);
  do {
    try {
      workLoopSync();
      break;
    } catch (thrownValue) {
      handleError(root, thrownValue);
    }
  } while (true);
  resetContextDependencies();
  if (enableSchedulerTracing) {
    popInteractions(((prevInteractions: any): Set<Interaction>));
  }

  executionContext = prevExecutionContext;
  popDispatcher(prevDispatcher);

  //置为 null,表示没有运行中的 render 了
  workInProgressRoot = null;

return workInProgressRootExitStatus;
}
```

6.3.3　workLoopSync

workLoopSync 函数执行处理当前的任务，再返回下一个，直到所有任务执行完毕为止。

```
function workLoopSync() {
  while (workInProgress !== null) {
    workInProgress = performUnitOfWork(workInProgress);
  }
}
```

6.3.4　performUnitOfWork

这里执行处理当前的任务，beginWork 处理完成，则挂载中的属性值 pendingProps 变成上一次的状态值 memoizedProps 存储起来。同时 beginWork 返回下一个任务，如果没有下一个任务，则结束执行。

```
function performUnitOfWork(unitOfWork: Fiber): Fiber | null {
  const current = unitOfWork.alternate;
  let next = beginWork(current, unitOfWork, renderExpirationTime);
  unitOfWork.memoizedProps = unitOfWork.pendingProps;
  if (next === null) {
    //没有下一个任务了,执行结束
    next = completeUnitOfWork(unitOfWork);
  }

  ReactCurrentOwner.current = null;
  return next;
}
```

6.3.5　beginWork

beginWork（开始工作），这个函数的工作就是执行当前任务，之后返回下一个任务，但是这里又要区分是否需要进入更新阶段，如果需要更新，则去更新、渲染，如果不需要，则返回下一个任务为 null 就行了。

判断是否需要进入更新阶段的情况有初次渲染、props 或者 context 发生改变，这时候 didReceiveUpdate 设置为 true。否则，didReceiveUpdate 为 false，不需要进入更新阶段，只需要去更新参数值就可以了，如 pushHostRootContext、pushHostContext 等。

```
function beginWork(
  current: Fiber | null,
  workInProgress: Fiber,
  renderExpirationTime: ExpirationTime,
): Fiber | null {
  const updateExpirationTime = workInProgress.expirationTime;

  if (current !== null) {
    const oldProps = current.memoizedProps;
    const newProps = workInProgress.pendingProps;

    if (oldProps !== newProps || hasLegacyContextChanged()) {
      //如果 props 或者 context 发生改变,把 fiber 标记为有执行的任务,如果 props 后面被
判断为没有发生改变,这个值有可能会被重置(如 memo)
      didReceiveUpdate = true;
    } else if (updateExpirationTime < renderExpirationTime) {
      didReceiveUpdate = false;
      //fiber 没有挂载中的任务,则不用进入 begin 阶段就可以退出.当然仍然有一些订阅需要
更新,大部分都是把参数值更新到栈即可
      switch (workInProgress.tag) {
        case HostRoot:
          pushHostRootContext(workInProgress);
          resetHydrationState();
          break;
        case HostComponent:
          pushHostContext(workInProgress);
          if (
            workInProgress.mode & ConcurrentMode &&
            renderExpirationTime !== Never &&
            shouldDeprioritizeSubtree(workInProgress.type, newProps)
          ) {
            if (enableSchedulerTracing) {
              markSpawnedWork(Never);
            }
            workInProgress .expirationTime = workInProgress.childExpiration
Time = Never;
            return null;
          }
          break;
        case ClassComponent: {
          const Component = workInProgress.type;
          if (isLegacyContextProvider(Component)) {
```

```
          pushLegacyContextProvider(workInProgress);
        }
        break;
      }
    case HostPortal:
      pushHostContainer(
        workInProgress,
        workInProgress.stateNode.containerInfo,
      );
      break;
    case ContextProvider: {
      const newValue = workInProgress.memoizedProps.value;
      pushProvider(workInProgress, newValue);
      break;
    }
    case Profiler:
      //略
      break;
    case SuspenseComponent: {
      //略
      break;
    }
    case SuspenseListComponent: {
      //略
    }
    }
    return bailoutOnAlreadyFinishedWork(
      current,
      workInProgress,
      renderExpirationTime,
    );
  } else {
    //当前 fiber 上有 update,但是 props 和 context 没有改变
    //如果 update queue 或者是 context consumer 产生了一个变化的值,设置为 true.否
则,则认为 children 没有发生改变,并执行 bail out
    didReceiveUpdate = false;
  }
} else {
  didReceiveUpdate = false;
}
```

//进入 begin 阶段之前,清除更新的优先级

```
workInProgress.expirationTime = NoWork;

switch (workInProgress.tag) {
  case IndeterminateComponent: {
    return mountIndeterminateComponent(
     current,
      workInProgress,
      workInProgress.type,
      renderExpirationTime,
    );
  }
  case LazyComponent: {
    //略
  }
  case FunctionComponent: {
    const Component = workInProgress.type;
    const unresolvedProps = workInProgress.pendingProps;
    const resolvedProps =
      workInProgress.elementType === Component
        ? unresolvedProps
        : resolveDefaultProps(Component, unresolvedProps);
    return updateFunctionComponent(
      current,
      workInProgress,
      Component,
      resolvedProps,
      renderExpirationTime,
    );
  }
  case ClassComponent: {
    const Component = workInProgress.type;
    const unresolvedProps = workInProgress.pendingProps;
    const resolvedProps =
      workInProgress.elementType === Component
        ? unresolvedProps
        : resolveDefaultProps(Component, unresolvedProps);
    return updateClassComponent(
      current,
      workInProgress,
      Component,
      resolvedProps,
      renderExpirationTime,
```

```
    );
  }
  case HostRoot:
    return updateHostRoot(current, workInProgress, renderExpirationTime);
  case HostComponent:
     return updateHostComponent(current, workInProgress, renderExpiration-
Time);
  case HostText:
    return updateHostText(current, workInProgress);
  case SuspenseComponent:
    return updateSuspenseComponent(
      current,
      workInProgress,
      renderExpirationTime,
    );
  case HostPortal:
    returnupdatePortalComponent(
      current,
      workInProgress,
      renderExpirationTime,
    );
  case ForwardRef: {
    const type = workInProgress.type;
    const unresolvedProps = workInProgress.pendingProps;
    const resolvedProps =
      workInProgress.elementType === type
        ? unresolvedProps
        : resolveDefaultProps(type, unresolvedProps);
    return updateForwardRef(
      current,
      workInProgress,
      type,
      resolvedProps,
      renderExpirationTime,
    );
  }
  case Fragment:
    return updateFragment(current, workInProgress, renderExpirationTime);
  case Mode:
   //略
  case Profiler:
    //略
```

```
    case ContextProvider:
      return updateContextProvider(
        current,
        workInProgress,
        renderExpirationTime,
      );
    case ContextConsumer:
      return updateContextConsumer(
        current,
        workInProgress,
        renderExpirationTime,
      );
    case MemoComponent: {
      const type = workInProgress.type;
      const unresolvedProps = workInProgress.pendingProps;
      let resolvedProps = resolveDefaultProps(type, unresolvedProps);
      resolvedProps = resolveDefaultProps(type.type, resolvedProps);
      return updateMemoComponent(
        current,
        workInProgress,
        type,
        resolvedProps,
        updateExpirationTime,
        renderExpirationTime,
      );
    }
    case SimpleMemoComponent: {
      return updateSimpleMemoComponent(
        current,
        workInProgress,
        workInProgress.type,
        workInProgress.pendingProps,
        updateExpirationTime,
        renderExpirationTime,
      );
    }
    case IncompleteClassComponent: {
      const Component = workInProgress.type;
      const unresolvedProps = workInProgress.pendingProps;
      const resolvedProps =
        workInProgress.elementType === Component
          ? unresolvedProps
```

```
          : resolveDefaultProps(Component, unresolvedProps);
      return mountIncompleteClassComponent(
        current,
        workInProgress,
        Component,
        resolvedProps,
        renderExpirationTime,
      );
    }
    case SuspenseListComponent: {
      //略
    }
    case FundamentalComponent: {
      if (enableFundamentalAPI) {
        return updateFundamentalComponent(
          current,
          workInProgress,
          renderExpirationTime,
        );
      }
      break;
    }
    case ScopeComponent: {
      //略
      break;
    }
    case Block: {
      //略
      break;
    }
  }
}
```

6.3.6 更新阶段

更新阶段，根据节点类型，如 HTML 原生元素、文本节点、函数组件、class 组件等，又要拆分成不同的函数执行，具体如下。

1. updateHostComponent

HTML 原生元素的更新，它的 children 子节点就是 nextProps.children，这里需要判断是否是文本节点（如 textarea、option 等），如果是文本的话，则不需要协调子节点，nextChildren 置为 null，实现代码如下所示。

```
function updateHostComponent(current, workInProgress, renderExpirationTime) {
  pushHostContext(workInProgress);

  if (current === null) {
    tryToClaimNextHydratableInstance(workInProgress);
  }

  const type = workInProgress.type;
  const nextProps = workInProgress.pendingProps;
  const prevProps = current !== null ? current.memoizedProps : null;

  let nextChildren = nextProps.children;
  const isDirectTextChild = shouldSetTextContent(type, nextProps);

  if (isDirectTextChild) {
    nextChildren = null;
  } else if (prevProps !== null && shouldSetTextContent(type, prevProps)) {
    workInProgress.effectTag |= ContentReset;
  }

  markRef(current, workInProgress);

  reconcileChildren(
    current,
    workInProgress,
    nextChildren,
    renderExpirationTime,
  );
  return workInProgress.child;
}
```

markRef 是给指定的 fiber 设置 Ref 标记的方法，具体如下：

```
function markRef(current: Fiber |null, workInProgress: Fiber) {
  const ref = workInProgress.ref;
  if (
    (current === null && ref !== null) ||
    (current !== null && current.ref !== ref)
  ) {
    // Schedule a Ref effect
    workInProgress.effectTag |= Ref;
  }
}
```

2. updateHostText

对于文本节点，操作比较简单，首先如果是出现渲染，则进行 hydrate 操作，执行 try-ToClaimNextHydratableInstance，当然在非 ssr 下，这个函数可以忽略。这里不需要协调、更新 context 这些操作，直接返回 null 即可，实现代码如下所示。

```
function updateHostText(current, workInProgress) {
  if (current = = = null) {
    tryToClaimNextHydratableInstance(workInProgress);
  }
  return null;
}
```

3. updateClassComponent

指 class 组件的更新，与函数组件相比，class 组件多了实例化和生命周期的执行。需要注意，这里 shouldUpdate 初始值为 undefined，判断是否需要更新，这个值会调入 finishClassComponent，如果最终 shouldUpdate 为 false，则不去更新，执行 bailoutOnAlreadyFinishedWork，任务结束。若需要更新，则执行协调子节点 reconcileChildren，实现代码如下所示。

```
function updateClassComponent(
  current: Fiber | null,
  workInProgress: Fiber,
  Component: any,
  nextProps,
  renderExpirationTime: ExpirationTime,
) {
  let hasContext;
  if (isLegacyContextProvider(Component)) {
    hasContext = true;
    pushLegacyContextProvider(workInProgress);
  } else {
    hasContext = false;
  }
  prepareToReadContext(workInProgress, renderExpirationTime);

  const instance = workInProgress.stateNode;
  let shouldUpdate;
  if (instance = = = null) {
    if (current !== null) {
      current.alternate = null;
      workInProgress.alternate = null;
      workInProgress.effectTag |= Placement;
    }
    constructClassInstance(workInProgress, Component, nextProps);
    mountClassInstance(
```

```
    workInProgress,
    Component,
    nextProps,
    renderExpirationTime,
  );
  shouldUpdate = true;
} else if (current === null) {
  shouldUpdate = resumeMountClassInstance(
    workInProgress,
    Component,
    nextProps,
    renderExpirationTime,
  );
} else {
  shouldUpdate = updateClassInstance(
    current,
    workInProgress,
    Component,
    nextProps,
    renderExpirationTime,
  );
}
const nextUnitOfWork = finishClassComponent(
  current,
  workInProgress,
  Component,
  shouldUpdate,
  hasContext,
  renderExpirationTime,
);

  return nextUnitOfWork;
}
```

4. updateFunctionComponent

函数组件详细参考 6.4.4 节。

5. updateForwardRef

这里是转发 ref 的更新实现，步骤和 updateFunctionComponent 非常相似，render 函数就是组件的 render，再读取 ref，其余和 updateFunctionComponent 一样，实现代码如下所示。

```
function updateForwardRef(
  current: Fiber | null,
  workInProgress: Fiber,
```

```
    Component: any,
    nextProps: any,
    renderExpirationTime: ExpirationTime,
) {
    const render = Component.render;
    //获取当前 ref,传给 renderWithHooks 作为 data,详情参考 renderWithHooks
    const ref = workInProgress.ref;

    //The rest is a fork of updateFunctionComponent
    let nextChildren;
    prepareToReadContext(workInProgress, renderExpirationTime);

    nextChildren = renderWithHooks(
        current,
        workInProgress,
        render,
        nextProps,
        ref,
        renderExpirationTime,
    );

    if (current !== null && !didReceiveUpdate) {
        bailoutHooks(current, workInProgress, renderExpirationTime);
        return bailoutOnAlreadyFinishedWork(
            current,
            workInProgress,
            renderExpirationTime,
        );
    }

    workInProgress.effectTag |= PerformedWork;
    reconcileChildren(
        current,
        workInProgress,
        nextChildren,
        renderExpirationTime,
    );
    return workInProgress.child;
}
```

6. renderWithHooks

所有的函数组件都会调用 renderWithHooks 来获取 children，第一个参数 props 是属性值，第二个参数是 secondArg，这个参数在不同调用情况下的值也不同，如 updateForwardRef

传进来的是 ref，updateFunctionComponent 和 mountIndeterminate Component 传进来的则是上下文 context。因为是函数组件，所以最后这个函数返回的 children 就是直接执行函数即可，即 Component(props,secondArg)，代码如下所示。

```
export function renderWithHooks<Props, SecondArg>(
  current: Fiber | null,
  workInProgress: Fiber,
  Component: (p: Props, arg: SecondArg) => any,
  props: Props,
  secondArg: SecondArg,
  nextRenderExpirationTime: ExpirationTime,
): any {
  renderExpirationTime = nextRenderExpirationTime;
  currentlyRenderingFiber = workInProgress;

  workInProgress.memoizedState = null;
  workInProgress.updateQueue = null;
  workInProgress.expirationTime = NoWork;

  ReactCurrentDispatcher.current =
    current === null || current.memoizedState === null
      ? HooksDispatcherOnMount
      : HooksDispatcherOnUpdate;

  let children = Component(props, secondArg);

  //Check if there was a render phase update
  if (workInProgress.expirationTime === renderExpirationTime) {
    //计数器计数,防止进入无限循环,不能超过25次
    let numberOfReRenders: number = 0;
    do {
      workInProgress.expirationTime = NoWork;

      numberOfReRenders += 1;

      //Start over from the beginning of the list
      currentHook = null;
      workInProgressHook = null;

      workInProgress.updateQueue = null;

      ReactCurrentDispatcher.current = HooksDispatcherOnRerender;
```

```
    children = Component(props, secondArg);
  } while (workInProgress.expirationTime === renderExpirationTime);
}


ReactCurrentDispatcher.current = ContextOnlyDispatcher;

const didRenderTooFewHooks =
  currentHook !== null && currentHook.next !== null;

renderExpirationTime = NoWork;
currentlyRenderingFiber = (null: any);


currentHook = null;
workInProgressHook = null;

didScheduleRenderPhaseUpdate = false;


return children;
}
```

7. mountLazyComponent

lazy 组件被对待为每一次都是初次渲染，因此这里刚开始就会把 alternate 设置为 null，既然是 new fiber 了，那就要添加 Placement 的副作用。计算出来 workInProgress 所需要的最新的 props 之后，根据 tag 类型去执行 update 函数就可以了。由于这里是初次更新，则 update 的第一个参数就是 null，实现代码如下所示。

```
function mountLazyComponent(
  _current,
  workInProgress,
  elementType,
  updateExpirationTime,
  renderExpirationTime,
) {
  if (_current !== null) {
                //每一次都是初次渲染,因此 alternate 初始就设置为 null
    _current.alternate = null;
    workInProgress.alternate = null;
    //因为这里是个 new fiber,所以添加 Placement 的副作用
    workInProgress.effectTag |= Placement;
  }


  const props = workInProgress.pendingProps;
  cancelWorkTimer(workInProgress);
```

```
let Component = readLazyComponentType(elementType);
// Store the unwrapped component in the type.
workInProgress.type = Component;
const resolvedTag = (workInProgress.tag = resolveLazyComponentTag(Compo-
nent));
startWorkTimer(workInProgress);
const resolvedProps = resolveDefaultProps(Component, props);
let child;
switch (resolvedTag) {
  case FunctionComponent: {
    child = updateFunctionComponent(
      null,
      workInProgress,
      Component,
      resolvedProps,
      renderExpirationTime,
    );
    return child;
  }
  case ClassComponent: {
    child = updateClassComponent(
      null,
      workInProgress,
      Component,
      resolvedProps,
      renderExpirationTime,
    );
    return child;
  }
  case ForwardRef: {
    child = updateForwardRef(
      null,
      workInProgress,
      Component,
      resolvedProps,
      renderExpirationTime,
    );
    return child;
  }
  case MemoComponent: {
    child = updateMemoComponent(
      null,
```

```
        workInProgress,
        Component,
         resolveDefaultProps(Component.type, resolvedProps), // The inner type
can have defaults too
        updateExpirationTime,
        renderExpirationTime,
      );
      return child;
    }
    case Block: {
      if (enableBlocksAPI) {
        child = updateBlock(
          null,
          workInProgress,
          Component,
          props,
          renderExpirationTime,
        );
        return child;
      }
      break;
    }
  }
}
```

8. bailoutOnAlreadyFinishedWork
该组件实现代码如下所示。

```
function bailoutOnAlreadyFinishedWork(
  current: Fiber |null,
  workInProgress: Fiber,
  renderExpirationTime: ExpirationTime,
): Fiber |null {
  cancelWorkTimer(workInProgress);

  if (current !== null) {
    //复用上一个的即可
    workInProgress.dependencies = current.dependencies;
  }

  const updateExpirationTime = workInProgress.expirationTime;
  if (updateExpirationTime !== NoWork) {
    markUnprocessedUpdateTime(updateExpirationTime);
```

```
  }

  //检查 children 是否有挂载中的任务
  const childExpirationTime = workInProgress.childExpirationTime;
  if (childExpirationTime < renderExpirationTime) {
    //children 没有任务,跳过
    return null;
  } else {
    //fiber 没有任务,但是 child fiber 有,则返回 child fiber 并继续
    cloneChildFibers(current, workInProgress);
    return workInProgress.child;
  }
}
```

6.3.7　协调

更新阶段最后都要执行协调子节点的函数，代码如下所示。

```
export function reconcileChildren(
  current: Fiber | null,
  workInProgress: Fiber,
  nextChildren: any,
  renderExpirationTime: ExpirationTime,
) {
  if (current === null) {
    //初次渲染
    workInProgress.child = mountChildFibers(
      workInProgress,
      null,
      nextChildren,
      renderExpirationTime,
    );
  } else {
    workInProgress.child = reconcileChildFibers(
      workInProgress,
      current.child,
      nextChildren,
      renderExpirationTime,
    );
  }
}
```

可以看到，这里最后执行的函数都是 ChildReconciler，只是初次渲染的时候，传参为 false，这个参数称之为 shouldTrackSideEffects。在协调的时候，如果 shouldTrackSide Effects 为 false，证明是初次渲染，这个时候不需要去追踪 side effects，代码如下所示。

```
export const reconcileChildFibers = ChildReconciler(true);
export const mountChildFibers = ChildReconciler(false);
```

6.3.8 commit

1. commitRoot

commitRoot 是执行提交的函数，提交的操作肯定需要立即执行，因此优先级是最高的，即 ImmediatePriority。而 commitRootImpl 是具体的执行函数，这里的执行优先级使用渲染优先级 renderPriorityLevel。代码如下所示。

```
function commitRoot(root) {
  const renderPriorityLevel = getCurrentPriorityLevel();
  runWithPriority(
    ImmediatePriority,
    commitRootImpl.bind(null, root, renderPriorityLevel),
  );
  return null;
}
```

2. commitRootImpl

这里是提交的整个执行阶段，接收的 root 是提交元素的根 fiber，步骤如下（注意参照下面代码注释）。

1）首先 do while 循环，执行所有的副作用。

2）取出 finishedWork 与 expirationTime，再置空 root 相关提交的参数（如 finishedWork 等），防止重复执行 commit。

3）标记当前 root 的提交阶段，即执行 finishedWork 开始。

4）获取副作用 list 链表，即给 firstEffect 赋值。

5）commitBeforeMutationEffects，执行 commit 阶段发生改变之前需要执行的副作用，如执行 getSnapshotBeforeUpdate 生命周期。

6）commitMutationEffects，执行 commit 阶段要执行的副作用，如提交更新、删除任务。

7）commitLayoutEffects，执行 commit 阶段之后要执行的副作用，如 useEffect、useLayoutEffect 等。

8）至此，副作用执行完毕，nextEffect 设置为 null，执行 requestPaint 重绘。

```
function commitRootImpl(root, renderPriorityLevel) {
  do {
    // flushPassiveEffects 在最后会调用 flushSyncUpdateQueue
    //循环调用,直到没有挂载阶段的副作用
```

```
    flushPassiveEffects();
  } while (rootWithPendingPassiveEffects !== null);


  const finishedWork = root.finishedWork;
  const expirationTime = root.finishedExpirationTime;
  if (finishedWork === null) {
    return null;
  }
  //置空 root 参数
  root.finishedWork = null;
  root.finishedExpirationTime = NoWork;
  root.callbackNode = null;
  root.callbackExpirationTime = NoWork;
  root.callbackPriority = NoPriority;
  root.nextKnownPendingLevel = NoWork;


  const remainingExpirationTimeBeforeCommit = getRemainingExpirationTime(
    finishedWork,
  );
  markRootFinishedAtTime(
    root,
    expirationTime,
    remainingExpirationTimeBeforeCommit,
  );


  if (root === workInProgressRoot) {
    //初始化
    workInProgressRoot = null;
    workInProgress = null;
    renderExpirationTime = NoWork;
  } else {
    //如果不相等,上一个执行的任务与我们提交的不是同一个,这很可能发生在 suspended root
超时了
  }


  //获取副作用列表
  let firstEffect;
  if (finishedWork.effectTag > PerformedWork) {
    //一个 fiber 的副作用只包括它的 children,不包括它自己.因此如果 root 上有副作用,需要
手动把它添加到列表尾部,然后把得到的 list 挂在 root 的 parent 上
    if (finishedWork.lastEffect !== null) {
      finishedWork.lastEffect.nextEffect = finishedWork;
```

```
        firstEffect = finishedWork.firstEffect;
    } else {
        firstEffect = finishedWork;
    }
} else {
    // root 上没有副作用
    firstEffect = finishedWork.firstEffect;
}

if (firstEffect !== null) {
    const prevExecutionContext = executionContext;
    // 设置当前执行环境为 commit 阶段
    executionContext |= CommitContext;
    const prevInteractions = pushInteractions(root);

    // 在调用生命周期前,把这里置 null
    ReactCurrentOwner.current = null;

    // commit 阶段被拆成几个子阶段
    // 所有的 mutation effects 在 layout effects 之前发生
    // 第一个阶段是 before mutation,在这里可以读取改变之前的 host tree 的 state,这里也
    是 getSnapshotBeforeUpdate 调用的地方
    prepareForCommit(root.containerInfo);
    nextEffect = firstEffect;
    do {
        try {
            commitBeforeMutationEffects();
        } catch (error) {
            captureCommitPhaseError(nextEffect, error);
            nextEffect = nextEffect.nextEffect;
        }
    } while (nextEffect !== null);

    // The next phase isthe mutation phase, where we mutate the host tree.
    nextEffect = firstEffect;
    do {
        try {
            commitMutationEffects(root, renderPriorityLevel);
        } catch (error) {
            captureCommitPhaseError(nextEffect, error);
            nextEffect = nextEffect.nextEffect;
        }
```

```
    } while (nextEffect !== null);
    resetAfterCommit(root.containerInfo);


    root.current = finishedWork;


    //下个阶段是 layout 阶段,这里调用读取 mutated 之前的节点的副作用.由于历史原因,
class 的生命周期在这儿也会被触发
    nextEffect = firstEffect;
    do {
      try {
        commitLayoutEffects(root, expirationTime);
      } catch (error) {
        captureCommitPhaseError(nextEffect, error);
        nextEffect = nextEffect.nextEffect;
      }
    } while (nextEffect !== null);

    nextEffect = null;


    requestPaint();


    if (enableSchedulerTracing) {
      popInteractions(((prevInteractions: any): Set<Interaction>));
    }
    executionContext = prevExecutionContext;
  } else {
    //没有副作用
    root.current = finishedWork;
  }


const rootDidHavePassiveEffects = rootDoesHavePassiveEffects;


if (rootDoesHavePassiveEffects) {
  rootDoesHavePassiveEffects = false;
  rootWithPendingPassiveEffects = root;
  pendingPassiveEffectsExpirationTime = expirationTime;
  pendingPassiveEffectsRenderPriority = renderPriorityLevel;
} else {
  //这个时候,副作用链表已经完成执行,所以这里可以执行清空了
  nextEffect = firstEffect;
  while (nextEffect !== null) {
    const nextNextEffect = nextEffect.nextEffect;
```

```
      nextEffect.nextEffect = null;
      nextEffect = nextNextEffect;
    }
  }


  //检查是否有遗留任务
  const remainingExpirationTime = root.firstPendingTime;
  if (remainingExpirationTime !== NoWork) {
    if (enableSchedulerTracing) {
      if (spawnedWorkDuringRender !== null) {
        const expirationTimes = spawnedWorkDuringRender;
        spawnedWorkDuringRender = null;
        for (let i = 0; i < expirationTimes.length; i++) {
          scheduleInteractions(
            root,
            expirationTimes[i],
            root.memoizedInteractions,
          );
        }
      }
      schedulePendingInteractions(root, remainingExpirationTime);
    }
  } else {
    legacyErrorBoundariesThatAlreadyFailed = null;
  }


  if (enableSchedulerTracing) {
    if (!rootDidHavePassiveEffects) {
      finishPendingInteractions(root, expirationTime);
    }
  }


  if (remainingExpirationTime === Sync) {
    if (root === rootWithNestedUpdates) {
      nestedUpdateCount++;
    } else {
      nestedUpdateCount = 0;
      rootWithNestedUpdates = root;
    }
  } else {
    nestedUpdateCount = 0;
  }
```

```
   onCommitRoot(finishedWork.stateNode, expirationTime);

   ensureRootIsScheduled(root);

   if (hasUncaughtError) {
     hasUncaughtError = false;
     const error = firstUncaughtError;
     firstUncaughtError = null;
     throw error;
   }

   if ((executionContext & LegacyUnbatchedContext) !== NoContext) {
     return null;
   }

   // layout work 被执行,执行 flush
   flushSyncCallbackQueue();
   return null;
}
```

3. flushSyncCallbackQueue

执行 flush，即把更新渲染到页面上，代码如下所示。

```
export function flushSyncCallbackQueue() {
  if (immediateQueueCallbackNode !== null) {
    const node = immediateQueueCallbackNode;
    immediateQueueCallbackNode = null;
    Scheduler_cancelCallback(node);
  }
  flushSyncCallbackQueueImpl();
}
```

6.4 Hook 原理

Hook 是 React 16.8 的新增特性，它可以让我们在不编写 class 的情况下使用 state 以及其他的 React 特性，如生命周期、副作用等，代码如下所示。

```
import React, { useState } from 'react';
import ReactDOM from "react-dom";

function Example() {
```

```
//声明一个新的叫作 count 的 state 变量,相当于 state 与 setState
const [count, setCount] = useState(0);
//再声明一个叫作 count2 的 state 变量
const [count2, setCount2] = useState(-1);
return (
  <div>
    <p>You clicked {count} times</p>
    <button onClick={() => setCount(count + 1)}>
      Click me
    </button>
  </div>
);
}

ReactDOM.render(<Example />, document.getElementById("root"));
```

以上是个简单的 Hook 使用例子，与 class 组件不同的是，函数组件没有实例，它的 state 和 effect 就不能像 class 组件中一样定义使用。在函数组件中，state 与 effect 是按照顺序存储在 fiber 中的，因此使用的时候一定要注意 Hook 的顺序问题，保证其稳定性。

因此使用 Hook 需要遵守以下规则：

不要在循环、条件或嵌套函数中调用 Hook，确保总是在你的 React 函数的最顶层调用它们。

这条规则其实就揭示了 Hook 的原理，也就是说存储了 state 和 effect 的 Hook 对象是按照顺序存储的，因此要在保证它的稳定性顺序的前提下使用 Hook。

了解了这些之后，大家其实会有更多疑问，这个存储了 state 和 effect 的 Hook 对象链表结构是怎样的、如何更新、怎么区分 state 和 effect 以及 Hook API 的设计原理？接下来我们就逐步揭示这些疑问。

6.4.1　Hook 基本数据结构

1. Hook

首先来看下 Hook 的结构，代码如下所示。

```
export type Hook = {|
  memoizedState: any,
  baseState: any,
  baseQueue: Update<any, any> | null,
  queue: UpdateQueue<any, any> | null,
  next: Hook | null,
|};
```

1）memoizedState 存储当前的状态值。

2）baseState 存储的是上一次的状态值。

3）baseQueue 存储的是上次渲染用到的参数，如 expirationTime、传参、优先级等。

4）queue 存储的是当前 Hook 更新需要的参数，如 dispatch 方法、上次渲染的 state、renducer 等。

5）next 指向下一个 Hook，如上面例子中的 count 的 Hook 的"next"就是 count2 的 Hook。

在 class 组件中，fiber. memoizedState 上存储的是 state，而在 function 组件中，fiber. memoizedState 上存储的则是第一个 Hook，这个 Hook 的"next"指向下一个 Hook，因此，Hook 是一个有序链表。

如下代码中，当前 fiber. memoizedState 就是一个 hook 对象，fiber. memoizedState. memoizedState 是 100，fiber. memoizedState . next 则是下一个 effect hook 即 useEffect，fiber. memoizedState. next. next 则是这里的 useLayoutEffect。这里的 next 定义了链表结构。

```
function ChildHook(props) {
  const [num, setNum] = useState(100);
  useEffect(() => {
    document.title = num + "次";
    return () => (document.title = "未知次");
  }, [num]);

  useLayoutEffect(() => {
    console.log("test"); //sy-log
    document.title = "0" + num + "次";
  });
  return (
    <div>
      omg ChildHook
      <button onClick={() => setNum(num + 1)}>omg {num}</button>
    </div>
  );
}
```

2. Update 与 UpdateQueue

从 Hook 的数据结构中，看到 baseQueue 与 queue 的数据结构，一个是 Update，另一个是 UpdateQueue，代码如下所示。

```
type Update<S, A> = {|
  expirationTime: ExpirationTime,
  suspenseConfig: null |SuspenseConfig,
  action: A, //当前参数,如执行 setCount(num),actio 就是 num
  eagerReducer: ((S, A) => S) |null,
  eagerState: S |null,
```

```
  next: Update<S, A>,
  priority?: ReactPriorityLevel,
|};

type UpdateQueue<S, A> = {|
  pending: Update<S, A> |null,
  dispatch: (A => mixed) |null, //派发事件方法,参照 setState
  lastRenderedReducer: ((S, A) => S) |null,
  lastRenderedState: S |null,//上一次渲染的 state,就是 output 里最新的
|};
```

3. Effect

副作用 effect 可以说是 Hook 的灵魂了，先来看下它的数据结构：

```
export type Effect = {|
  tag:HookEffectTag,
  create: () => (() => void) |void,
  destroy: (() => void) |void,
  deps: Array<mixed> |null,
  next: Effect,
|};
```

1）tag 标识当前副作用的分类，具体分类参考下面代码片段。

2）create 则是函数类型，如 useState 中，第一个参数就是 create，第二个参数是 deps。这两个参数相当重要，具体参考后文中关于 effect 方法的原理解析。

3）deps 是个数组或者为 null，就是当前副作用的依赖项。在 effect 中，每次 create 是否需要重新计算赋值，前提就是依赖项是否发生改变。

4）next 则是指向下一个副作用，因为副作用可以有多个。

```
export type HookEffectTag = number;


export const NoEffect = /*   */0b000;


//Represents whether effect should fire.
export const HasEffect = /* */0b001;


//Represents the phase in which the effect (not the clean-up) fires.
export const Layout = /*    */0b010;
export const Passive = /*    */0b100;
```

4. Dispatcher

查看 effect hook 定义之后，会发现这些 effect hook 不仅函数签名相似，就连定义也非常类似：

```
import ReactCurrentDispatcher from './ReactCurrentDispatcher';

function resolveDispatcher() {
  const dispatcher = ReactCurrentDispatcher.current;
  return dispatcher;
}

export function useState<S>(
  initialState: (() => S) | S,
): [S, Dispatch<BasicStateAction<S>>] {
  const dispatcher = resolveDispatcher();
  return dispatcher.useState(initialState);
}

export function useReducer<S, I, A>(
  reducer: (S, A) => S,
  initialArg: I,
  init?: I => S,
): [S, Dispatch<A>] {
  const dispatcher = resolveDispatcher();
  return dispatcher.useReducer(reducer, initialArg, init);
}

export function useEffect(
  create: () => (() => void) | void,
  deps: Array<mixed> | void | null,
): void {
  const dispatcher = resolveDispatcher();
  return dispatcher.useEffect(create, deps);
}
```

是不是都调用了 ReactCurrentDispatcher. current. xxx, 那这个 ReactCurrentDispatcher. current 是什么呢?

打开 ReactCurrentDispatcher. js 可以看到如下代码:

```
import type {Dispatcher} from 'react-reconciler/src/ReactFiberHooks';

/**
 * 追踪当前 dispatcher.
 */
const ReactCurrentDispatcher = {
  /**
   * @internal
```

```
     * @type {ReactComponent}
     */
  current: (null: null | Dispatcher),
};


export default ReactCurrentDispatcher;
```

也就是说，每次渲染都有当前最新的 ReactCurrentDispatcher. current，那了解 effect hook 原理之前，就有必要来看下 Dispatcher 数据类型，看完这个结构，读者就能知道为什么所有的 effect hook 都调用了 ReactCurrentDispatcher. current. xxx，代码如下所示。

```
export type Dispatcher = {|
  readContext<T>(
    context: ReactContext<T>,
    observedBits: void | number | boolean,
  ): T,
  useState<S>(initialState: (() => S) | S): [S, Dispatch<BasicStateAction<S>>],
  useReducer<S, I, A>(
    reducer: (S, A) => S,
    initialArg: I,
    init?: (I) => S,
  ): [S, Dispatch<A>],
  useContext<T>(
    context: ReactContext<T>,
    observedBits: void | number | boolean,
  ): T,
  useRef<T>(initialValue: T): {|current: T|},
  useEffect(
    create: () => (() => void) | void,
    deps: Array<mixed> | void | null,
  ): void,
  useLayoutEffect(
    create: () => (() => void) | void,
    deps: Array<mixed> | void | null,
  ): void,
  useCallback<T>(callback: T, deps: Array<mixed> | void | null): T,
  useMemo<T>(nextCreate: () => T, deps: Array<mixed> | void | null): T,
  useImperativeHandle<T>(
    ref: {|current: T | null|} | ((inst: T | null) => mixed) | null | void,
    create: () => T,
    deps: Array<mixed> | void | null,
  ): void,
  useDebugValue<T>(value: T, formatterFn: ?(value: T) => mixed): void,
```

```
useResponder<E, C>(
  responder: ReactEventResponder<E, C>,
  props: Object,
): ReactEventResponderListener<E, C>,
useDeferredValue<T>(value: T, config: TimeoutConfig | void | null): T,
useTransition(
  config: SuspenseConfig | void | null,
): [(() => void) => void, boolean],
|};
```

6.4.2 全局变量

看了这么多的数据结构，是不是有点懵，其实这几个只是 React 诸多数据结构中的冰山一角。接下来为了方便逻辑梳理，来看下两个重要的与 hook 相关的全局变量。

```
//在调用组件之前调用
let renderExpirationTime: ExpirationTime = NoWork;
//work-in-progress fiber.
let currentlyRenderingFiber: Fiber = (null: any);

let currentHook: Hook | null = null;
let workInProgressHook: Hook | null = null;
```

其中，currentHook 属于 currentFiber，workInProgressHook 则属于 workInProgressFiber。

6.4.3 标识路径

接下的章节来将详细解读源码，为了方便读者学习，重要源码片段会标识出路径，起始路径是 react/packages，由于源码过于庞大，为了精简，贴出源码的时候会删减掉其中的调试和提示信息等不影响逻辑的部分。

另外，接下来的章节中会多次看到 current 和 workInProgress 字段，这两个字段都是 Fiber 结构，区别就在于 current 是 output，也就是已经被渲染出来的，而 workInProgress 从字面意思来看就是 work in progress（在进行中），就是即将被渲染，正在工作当中，还没有被渲染出来。当然，到了后期的 commit 阶段，current 肯定已经被 workInProgress 赋值，下次更新又将有新的 workInProgress。

6.4.4 更新函数

1. updateFunctionComponent

Hooks 只能用在 FunctionComponent 中，因此只有 FunctionComponet 被更新的时候才会

被调用，所以有必要先来看下 FunctionComponent 中的更新函数 updateFunctionComponent（路径为 React- reconciler/src/ReactFiberBeginWork. js）：

```
function updateFunctionComponent ( current,
workInProgress, Component, nextProps: any,
renderExpirationTime,
) {
let context;
if (!disableLegacyContext) {
const unmaskedContext = getUnmaskedContext (workInProgress, Component, true);
context = getMaskedContext(workInProgress, unmaskedContext);
}

let nextChildren;
prepareToReadContext (workInProgress, renderExpirationTime); nextChildren =
renderWithHooks (
current, workInProgress, Component, nextProps, context,
renderExpirationTime,
);

if (current ! = = null && !didReceiveUpdate) { bailoutHooks (current, workIn-
Progress, renderExpirationTime); return bailoutOnAlreadyFinishedWork(
current, workInProgress, renderExpirationTime,
);
}

//React DevTools reads this flag. workInProgress.effectTag |= PerformedWork;
reconcileChildren(
current, workInProgress, nextChildren, renderExpirationTime,
);
return workInProgress.child;
}
```

可以看到它主要完成了以下三个任务。

1）给 context 赋值，如 prepareToReadContext（workInProgress, renderExpirationTime）。

2）用 renderWithHooks 获得 nextChildren。因为当前是个函数组件，获取 nextChildren 就是执行当前函数的返回值，即 Component（props, oArgs）。

if（current ! = = null && !didReceiveUpdate）这个条件判断是指不是第一次渲染，也就是更新阶段（因为 current! = = null，只有第一次渲染的时候，current 才是 null），另外 !didReceiveUpdate 则代表当前组件不需要去遍历子节点。如 props 和 context 都没有更新，那这时就没必要去执行下一步去遍历子节点了，相反当一个 update queue 或者是 context con-sumer 产生了一个变化值时，那么 didReceiveUpdate 会被设置为 true，可参考下面 beginWork 函数代码片段（react-reconciler/src/ReactFiberBeginWork. js）。

```
if (current !== null) {
    const oldProps = current.memoizedProps;
    const newProps = workInProgress.pendingProps;
    if (
      oldProps !== newProps ||
      hasLegacyContextChanged() ||
    ) {
      //props 或者 context 没有更新
      //这里是全等比较,如果后面证明 props 相等,这个值可能会被重置(如 memo)
      didReceiveUpdate = true;
    } else if (updateExpirationTime < renderExpirationTime) {
      didReceiveUpdate = false;
      //当前 fiber 没有任何挂载的任务,因此不需要进入 begin 阶段.当然仍然有一些 book-
keeping 需要在优化路径上处理,大部分都是把东西放入 stack 即可
      //... 其他代码
      return bailoutOnAlreadyFinishedWork(
        current,
        workInProgress,
        renderExpirationTime
      );
    } else {
      didReceiveUpdate = false;
    }
  } else {
    didReceiveUpdate = false;
  }
```

如下代码来自 updateSimpleMemoComponent 函数（同上）：

```
if (current !== null) {
  const prevProps = current.memoizedProps;
  if (
    shallowEqual(prevProps,nextProps) &&
    current.ref === workInProgress.ref &&
  ) {
    didReceiveUpdate = false;
    if (updateExpirationTime < renderExpirationTime) {
      workInProgress.expirationTime = current.expirationTime;
      return bailoutOnAlreadyFinishedWork(
        current,
        workInProgress,
        renderExpirationTime
      );
```

```
      }
    }
  }
```

拓展：当 didReceiveUpdate 初始值为 false 时：

```
export function markWorkInProgressReceivedUpdate() {
didReceiveUpdate = true;
}
```

updateReducer 和 rerenderReducer 中（React-reconciler/src/ReactFiberHooks.js）都有以下判断：

```
//new state 与当前 state 不等
if (!is(newState, hook.memoizedState)) {
markWorkInProgressReceivedUpdate();
}
```

读取 context 的函数 prepareToReadContext（react- reconciler/src/ReactFiberNew Context.js），有以下判断：

```
if (dependencies.expirationTime >= renderExpirationTime) {
//Context list 有一个 pending update,把这个 fiber 记为待执行
markWorkInProgressReceivedUpdate();
}
```

3）最后一步协调 children，即更新 nextChildren，如对节点进行新增、删除，具体代码如下所示。

```
reconcileChildren(
  current,
  workInProgress,
  nextChildren,
  renderExpirationTime,
);
```

2. 初次渲染

Hook 是个链表结构，这个结构怎么实现呢？其实就是先将 Hook 存入 currentlyRenderingFiber. memoizedState，后面依次插入其结构末尾，即 next，具体代码如下所示。

```
//定义链表结构,主要是定义 currentlyRenderingFiber.memoizedState 与 workInProgressHook.next 指向
function mountWorkInProgressHook(): Hook {
  const hook: Hook = {
    memoizedState: null,
    baseState: null,
    baseQueue: null,
```

```
    queue: null,
    next: null,
  };

  if (workInProgressHook = = = null) {
    //是当前链表中的第一个 hook,则赋值给 fiber.memoizedState
    currentlyRenderingFiber.memoizedState = workInProgressHook =hook;
  } else {
    //不是第一个,就放到链表尾部
    workInProgressHook = workInProgressHook.next = hook;
  }
  return workInProgressHook;
}
```

3. 更新阶段

updateWorkInProgressHook 用于 updates 和 re-renders。假设没有 currentHook 来克隆，也没有来自上个渲染阶段的 workInProgressHook 作为 base 值使用，当到达 base list 的尾部时，必须转向 dispatcher 用于挂载。除此之外，更新阶段依然要像渲染阶段一样进行链表结构的构建。

这个函数其实就是更新当前的 currentHook，然后再返回下一个 currentHook，即 next-CurrentHook，具体代码如下所示。

```
function updateWorkInProgressHook(): Hook {
  let nextCurrentHook: null |Hook;
  if (currentHook = = = null) {

    //获取当前的 fiber,由于 currentlyRenderingFiber 是还没有渲染的,那么取它的 al-
ternate,即是 output 的值
    let current = currentlyRenderingFiber.alternate;
    if (current != = null) {
      //current 存在,那 hook 在 mount 阶段就存入了 memoizedState
      nextCurrentHook = current.memoizedState;
    } else {
      //current fiber 都不存在,那 hook 更不存在了
      nextCurrentHook = null;
    }
  } else {
    nextCurrentHook = currentHook.next;
  }

  let nextWorkInProgressHook: null |Hook;
  if (workInProgressHook = = = null) {
    nextWorkInProgressHook = currentlyRenderingFiber.memoizedState;
```

```
  } else {
    nextWorkInProgressHook = workInProgressHook.next;
  }

  if (nextWorkInProgressHook !== null) {
    // There's already a work-in-progress. Reuse it.
    workInProgressHook = nextWorkInProgressHook;
    nextWorkInProgressHook = workInProgressHook.next;

    currentHook = nextCurrentHook;
  } else {
    // Clone from the current hook.
    currentHook = nextCurrentHook;

    const newHook: Hook = {
      memoizedState: currentHook.memoizedState,

      baseState: currentHook.baseState,
      baseQueue: currentHook.baseQueue,
      queue: currentHook.queue,

      next: null,
    };

    if (workInProgressHook === null) {
      // 第一个存入 memoizedState
      currentlyRenderingFiber.memoizedState = workInProgressHook = newHook;
    } else {
      // 否则插入末尾
      workInProgressHook = workInProgressHook.next = newHook;
    }
  }
  return workInProgressHook;
}
```

6.5 Hook API 解析

在查看原理与源码之前，建议先掌握其 API 的详细使用方法。

6.5.1　useReducer

与 useState 非常相像，简单来说要做的事情就是存储 state 和 setState 并返回。下面代码片段是渲染阶段，只负责存储和返回。

与 useState 相比不同的是在于 initialState 的定义，useReducer 是通过判断第三个参数 init 是否存在，存在则传入 initialArg 参数执行，否则 initialArg 就是初始值，具体代码如下所示。

```
function mountReducer<S, I, A>(
  reducer: (S, A) => S,
  initialArg: I,
  init?: I => S,
): [S, Dispatch<A>] {
  //初始化 hook,并定义其链表结构,参照下面函数注释
  const hook = mountWorkInProgressHook();
  let initialState;
  if (init !== undefined) {
    //当 init 存在的时候,initialArg 作为参数,执行 init
    initialState = init(initialArg);
  } else {
    //init 不存在,那初始值 initialState 就是 initialArg
    initialState = ((initialArg: any): S);
  }
  //初始值存入 memoizedState 与 baseState
  hook.memoizedState = hook.baseState = initialState;
  const queue = (hook.queue = {
    pending: null,
    dispatch: null,
    lastRenderedReducer: reducer,
    lastRenderedState: (initialState: any),
  });
  const dispatch:Dispatch<A> = (queue.dispatch = (dispatchAction.bind(
    null,
    currentlyRenderingFiber,
    queue,
  ): any));
  return [hook.memoizedState, dispatch];
}

function basicStateReducer<S>(state: S, action: BasicStateAction<S>): S {
```

```
    return typeof action = = = 'function' ? action(state) : action;
  }
```

相应的还有不是初次渲染，即更新阶段，此时会复杂一点，主要分为两步（代码如下所示）。

1）处理尚未处理的 pendingQueue。即 pendingQueue 存在，如果 baseQueue 存在，则并入 baseQueue 末尾，同时 queue. pending 置为 null。

2）baseQueue 存在的话，则循环处理，即根据过期时间判断是否更新，如果不更新，则跳过并将其存储。

```
function updateReducer<S, I, A>(
  reducer: (S, A) => S,
  initialArg: I,
  init?: I => S,
): [S, Dispatch<A>] {
  //获取当前的 hook
  const hook = updateWorkInProgressHook();
  const queue = hook.queue;

  queue.lastRenderedReducer = reducer;

  const current: Hook = (currentHook: any);

  let baseQueue = current.baseQueue;

  //last pending update 尚未被处理
  let pendingQueue = queue.pending;
  if (pendingQueue !== null) {
    //如果有未被处理的新 update,加入 base queue 即可
    if (baseQueue !== null) {
      //合并 pending queue 与 base queue.
      let baseFirst = baseQueue.next;
      let pendingFirst = pendingQueue.next;
      baseQueue.next = pendingFirst;
      pendingQueue.next = baseFirst;
    }
    current.baseQueue = baseQueue = pendingQueue;
    queue.pending = null;
  }

  if (baseQueue !== null){
    //We have a queue to process.
```

```
      let first = baseQueue.next;
      let newState = current.baseState;

      let newBaseState = null;
      let newBaseQueueFirst = null;
      let newBaseQueueLast = null;
      let update = first;
      do {
        const updateExpirationTime = update.expirationTime;
        if (updateExpirationTime < renderExpirationTime) {
          //优先级不足,跳过这次 update.如果这是第一个被跳过的 update,上一个 update/
state 就是新的 base update/state
          const clone: Update<S, A> = {
            expirationTime: update.expirationTime,
            suspenseConfig: update.suspenseConfig,
            action: update.action,
            eagerReducer: update.eagerReducer,
            eagerState: update.eagerState,
            next: (null: any),
          };
          if (newBaseQueueLast === null) {
            newBaseQueueFirst = newBaseQueueLast = clone;
            newBaseState = newState;
          } else {
            newBaseQueueLast = newBaseQueueLast.next = clone;
          }
          //Update the remaining priority in the queue.
          if (updateExpirationTime > currentlyRenderingFiber.expirationTime) {
            currentlyRenderingFiber.expirationTime = updateExpirationTime;
            markUnprocessedUpdateTime(updateExpirationTime);
          }
        } else {
          //这次更新有足够的优先级
          if (newBaseQueueLast !== null) {
            const clone: Update<S, A> = {
              //将要更新,expirationTime 设置为 Math.pow(2, 30)-1
              expirationTime: Sync,
              suspenseConfig: update.suspenseConfig,
              action: update.action,
              eagerReducer: update.eagerReducer,
              eagerState: update.eagerState,
              next: (null: any),
```

```
    };
    newBaseQueueLast = newBaseQueueLast.next = clone;
  }

  markRenderEventTimeAndConfig(
    updateExpirationTime,
    update.suspenseConfig,
  );

  //处理这次的 update
  if (update.eagerReducer === reducer) {
    //如果当这个 update 已经被处理过,reducer 与当前的 reducer 匹配,则直接复用已
经计算好的 state
      newState = ((update.eagerState: any): S);
  } else {
    //否则直接计算得出 newState
    const action = update.action;
    newState = reducer(newState, action);
  }
}
  //处理下一个
  update = update.next;
} while (update !== null && update !== first);

if (newBaseQueueLast === null) {
  newBaseState = newState;
} else {
  newBaseQueueLast.next = (newBaseQueueFirst: any);
}

//当这俩值不相等的时候,则标记 state 有所改变
if (!is(newState, hook.memoizedState)) {
  markWorkInProgressReceivedUpdate();
}

hook.memoizedState = newState;
hook.baseState = newBaseState;
hook.baseQueue = newBaseQueueLast;

queue.lastRenderedState = newState;
}
```

```
  const dispatch: Dispatch<A> = (queue.dispatch: any);
  return [hook.memoizedState, dispatch];
}
```

6.5.2　useState

useState 可以说是 useReducer 的简单化版本，它的功能就是存储和返回 state 和 setState。

以下是初次渲染代码片段，可以首先定义一个hook，可以看到initialState 是初始值，如果是函数类型，执行函数即可：

```
function mountState<S>(
  initialState: (() => S) | S,
): [S, Dispatch<BasicStateAction<S>>] {
  const hook = mountWorkInProgressHook();
  if (typeof initialState === 'function') {
    //如果是函数,执行返回结果就是初始值
    initialState = initialState();
  }
  hook.memoizedState = hook.baseState = initialState;
  const queue = (hook.queue = {
    pending: null,
    dispatch: null,
    lastRenderedReducer: basicStateReducer,
    lastRenderedState: (initialState: any),
  });
  const dispatch: Dispatch<
    BasicStateAction<S>,
  > = (queue.dispatch = (dispatchAction.bind(
    null,
    currentlyRenderingFiber,
    queue,
  ): any));
        //以数组形式返回
  return [hook.memoizedState, dispatch];
}
```

useState 的渲染和 useReducer 是一样的：

```
function updateState<S>(
  initialState: (() => S) | S,
): [S, Dispatch<BasicStateAction<S>>] {
  return updateReducer(basicStateReducer, (initialState: any));
}
```

以上是 useState 和 useReducer 的实现，这两个函数功能很类似，都是存储 state 和定义 dispatch 更新，每次运行都会去判断是否是首次更新，如果是首次的话，则赋初始值，不是则根据传参和 dispatch，进行更新，相对来说，因为有 reducer，useReducer 更适用于一些逻辑复杂的存值。

6.5.3 　useContext

ContextProvider 阶段把 context._currentValue 存储入栈，useContext 即是直接取出来。详细可参考 6.6.1 节。

```
export function readContext<T>(
  context: ReactContext<T>,
  observedBits: void | number | boolean,
): T {
  if (lastContextWithAllBitsObserved === context) {
    //Nothing to do. We already observe everything in this context.
  } else if (observedBits === false || observedBits === 0) {
    //Do not observe any updates.
  } else {
    let resolvedObservedBits; //Avoid deopting on observable arguments or het-
erogeneous types.
    if (
      typeof observedBits !== 'number' ||
      observedBits === MAX_SIGNED_31_BIT_INT
    ) {
      //Observeall updates.
      lastContextWithAllBitsObserved = ((context: any): ReactContext<mixed>);
      resolvedObservedBits = MAX_SIGNED_31_BIT_INT;
    } else {
      resolvedObservedBits = observedBits;
    }

    let contextItem = {
      context: ((context:any): ReactContext<mixed>),
      observedBits: resolvedObservedBits,
      next: null,
    };

    if (lastContextDependency === null) {
      //This is the first dependency for this component. Create a new list.
      lastContextDependency = contextItem;
      currentlyRenderingFiber.dependencies = {
```

```
        expirationTime: NoWork,
        firstContext: contextItem,
        responders: null,
      };
    } else {
      //Append a new context item.
      lastContextDependency = lastContextDependency.next = contextItem;
    }
  }
  return isPrimaryRenderer ? context._currentValue : context._currentValue2;
}
```

6.5.4 useRef

初次渲染的时候，ref 存储在 hook. memoizedState，使用的时候取出来，ref 的详细可以参考 6.6.2 节。

```
//初次渲染
function mountRef<T>(initialValue: T): {|current: T|} {
  const hook =mountWorkInProgressHook();
  const ref = {current: initialValue};
  hook.memoizedState = ref;
  return ref;
}
//更新
function updateRef<T>(initialValue: T): {|current: T|} {
  const hook = updateWorkInProgressHook();
  return hook.memoizedState;
}
```

6.5.5 useEffect

useEffect 的工作是在 currentlyRenderingFiber 加载当前的 hook，具体做法就是判断当前 fiber 是否已经存在 hook（即判断 workInProgressHook 是否存在），不存在的话，则创建或者更新一个 hook 放入 currentlyRenderingFiber. memoizedState，存在的话，则创建或者更新一个 hook 放入 workInProgressHook. next，这样最新 hook 链表就更新了，具体代码如下所示。

```
function mountEffect(
  create: () => (() => void) | void,
  deps: Array<mixed> | void | null,
```

```
): void {
  return mountEffectImpl(
    UpdateEffect | PassiveEffect,
    HookPassive,
    create,
    deps,
  );
}

function mountEffectImpl(fiberEffectTag, hookEffectTag, create, deps): void {
  const hook = mountWorkInProgressHook();
  const nextDeps = deps === undefined ? null : deps;
  currentlyRenderingFiber.effectTag |= fiberEffectTag;
  hook.memoizedState = pushEffect(
    HookHasEffect | hookEffectTag,
    create,
    undefined,
    nextDeps,
  );
}
//构建 effect 链表
function pushEffect(tag, create, destroy, deps) {
  const effect: Effect = {
    tag,
    create,
    destroy,
    deps,
    //Circular
    next: (null: any),
  };
  let componentUpdateQueue: null | FunctionComponentUpdateQueue = (current-
lyRenderingFiber.updateQueue: any);
  if (componentUpdateQueue === null) {
    //初次渲染,先创建
    componentUpdateQueue = createFunctionComponentUpdateQueue();
    currentlyRenderingFiber.updateQueue = (componentUpdateQueue: any);
    //给 currentlyRenderingFiber.updateQueue 初次赋值
    componentUpdateQueue.lastEffect = effect.next = effect;
  } else {
    const lastEffect = componentUpdateQueue.lastEffect;
    if (lastEffect === null) {
      componentUpdateQueue.lastEffect = effect.next = effect;
```

```
    } else {
      const firstEffect = lastEffect.next;
      lastEffect.next = effect;
      effect.next = firstEffect;
      componentUpdateQueue.lastEffect = effect;
    }
  }
  return effect;
}
```

6.5.6 useLayoutEffect

useEffect 与 useLayoutEffect 非常类似，签名都一样，不同之处就在于前者会在浏览器绘制后延迟执行，而后者是在所有的 DOM 变更之后同步调用 effect。因此可以使用 useLayoutEffect 来读取 DOM 布局并同步触发重渲染。

那这种不同是怎么造成的呢？来看下它与 useEffect 一样调用 mountEffectImpl 的时候，这里前两个 fiberEffectTag、hookEffectTag 参数分别为 UpdateEffect 与 HookLayout。

```
function mountLayoutEffect(
  create: () => (() => void) | void,
  deps: Array<mixed> | void | null,
): void {
  return mountEffectImpl(UpdateEffect, HookLayout, create, deps);
}
```

由于这些参数的不同，在提交阶段，差异性就显现了，对于 useLayoutEffect 的函数是立即执行的，而 useEffect 的就需要入栈了，具体代码如下所示。

```
export function enqueuePendingPassiveHookEffectMount(
  fiber: Fiber,
  effect: HookEffect,
): void {
  if (runAllPassiveEffectDestroysBeforeCreates) {
    pendingPassiveHookEffectsMount.push(effect, fiber);
    if (!rootDoesHavePassiveEffects) {
      rootDoesHavePassiveEffects = true;
      scheduleCallback(NormalPriority, () => {
        flushPassiveEffects();
        return null;
      });
    }
  }
}
```

6.5.7　useMemo

　　把"创建"函数和依赖项数组作为参数传入 useMemo，它仅会在某个依赖项改变时才重新计算 memoized 值。这种优化有助于避免在每次渲染时都进行高开销的计算。

　　与别的 hook 不同的是，这里 hook. memoizedState 是个数组，deps 存到 hook. memoized State[1]，nextCreate 初次渲染的时候会被存到 hook. memoizedState[0] 中，下次更新的时候只需要比较两次的 deps 是否相等，相等的话，则证明依赖项没有发生改变，直接返回上次存到 hook. memoizedState[0] 中的值即可；否则执行 nextCreate，重新计算，把值再次存入 hook. memoizedState[0]，并返回，具体代码如下所示。

```
function mountMemo<T>(
  nextCreate: () => T,
  deps: Array<mixed> | void | null,
): T {
  const hook = mountWorkInProgressHook();
  const nextDeps = deps === undefined ? null : deps;
  const nextValue = nextCreate();
  hook.memoizedState = [nextValue, nextDeps];
  return nextValue;
}


function updateMemo<T>(
  nextCreate: () => T,
  deps: Array<mixed> | void | null,
): T {
  const hook = updateWorkInProgressHook();
  const nextDeps = deps === undefined ? null : deps;
  const prevState = hook.memoizedState;
  if (prevState !== null) {
    //Assume these are defined. If they're not, areHookInputsEqual will warn.
    if (nextDeps !== null) {
      const prevDeps: Array<mixed> | null = prevState[1];
      if (areHookInputsEqual(nextDeps, prevDeps)) {
        return prevState[0];
      }
    }
  }
  const nextValue = nextCreate();
  hook.memoizedState = [nextValue, nextDeps];
  return nextValue;
}
```

6.5.8　useCallback

把内联回调函数及依赖项数组作为参数传入 useCallback，它将返回该回调函数的 memoized 版本，该回调函数仅在某个依赖项改变时才会更新。当把回调函数传递给经过优化的并使用引用相等性去避免非必要渲染（例如 shouldComponentUpdate）的子组件时，useCallback 将非常有用。

useCallback 和上面的 useMemo 非常相像，只不过这次初次渲染的时候，存到 hook.memoizedState［0］中的是个"callback"。更新时候依然比较两次的 deps 是否相等，相等的话，则证明依赖项没有发生改变，返回 hook.memoizedState［0］，否则 hook.memoizedState［1］再次存入本次接收的 callback，具体代码如下所示。

```
function mountCallback<T>(callback: T, deps: Array<mixed> |void |null): T {
  const hook = mountWorkInProgressHook();
  const nextDeps = deps === undefined ? null : deps;
  hook.memoizedState = [callback, nextDeps];
  return callback;
}


functionupdateCallback<T>(callback: T, deps: Array<mixed> |void |null): T {
  const hook = updateWorkInProgressHook();
  const nextDeps = deps === undefined ? null : deps;
  const prevState = hook.memoizedState;
  if (prevState !== null) {
    if (nextDeps !== null) {
      const prevDeps: Array<mixed> |null = prevState[1];
      if (areHookInputsEqual(nextDeps, prevDeps)) {
        return prevState[0];
      }
    }
  }
  hook.memoizedState = [callback, nextDeps];
  return callback;
}
```

6.6　重点解析

6.6.1　Context

React 的 Context 属性实现了组件跨层级传递，下面来看下它的实现原理。

在 React 更新过程中，会一直有一个栈叫作 valueCursor，这个值可以帮助记录当前的 context，即每次更新组件的时候，都会去执行 pushProvider，把 context._currentValue 指向最新的 contextValue，具体代码如下所示。

```
case ContextProvider: {
  const newValue = workInProgress.memoizedProps.value;
  pushProvider(workInProgress, newValue);
  break;
}



function updateContextProvider(
  current: Fiber | null,
  workInProgress: Fiber,
  renderExpirationTime: ExpirationTime,
) {
  const providerType: ReactProviderType<any> = workInProgress.type;
  const context: ReactContext<any> = providerType._context;

  const newProps = workInProgress.pendingProps;
  const oldProps = workInProgress.memoizedProps;

  const newValue = newProps.value;

  pushProvider(workInProgress, newValue);

  if (oldProps !== null) {
    const oldValue = oldProps.value;
    const changedBits = calculateChangedBits(context, newValue, oldValue);
    //这里也就是我们写在 Provider 上的 value 要存在一个父组件 state 中的原因,如果是个直
接定义到 value 上的对象,则每次比较都不同,每次都会触发所有 consumer 组件,引起不必要性能
消耗
    if (changedBits === 0) {
      //value 没有改变,如果 children 也没有改变的话,Bailout
      if (
        oldProps.children === newProps.children &&
        !hasLegacyContextChanged()
      ) {
        return bailoutOnAlreadyFinishedWork(
          current,
          workInProgress,
          renderExpirationTime,
        );
```

```
      }
    } else {
      // context value 改变,则去寻找匹配的 consumers 组件去更新
      propagateContextChange(
        workInProgress,
        context,
        changedBits,
        renderExpirationTime,
      );
    }
  }

  const newChildren = newProps.children;
  reconcileChildren (current, workInProgress, newChildren, renderExpiration-
Time);
  return workInProgress.child;
}


const valueCursor: StackCursor<mixed> = createCursor(null);

export function pushProvider<T>(providerFiber: Fiber, nextValue: T): void {
  const context: ReactContext<T> = providerFiber.type._context;

  if (isPrimaryRenderer) {
    push(valueCursor, context._currentValue, providerFiber);
    context._currentValue = nextValue;
  } else {
    push(valueCursor, context._currentValue2, providerFiber);
    context._currentValue2 = nextValue;
  }
}
```

而在每次组件完成执行的时候，需要把 context. _currentValue 指向上一次，代码如下所示。

```
case ContextProvider:
// Pop provider fiber
popProvider(workInProgress);
return null;

export function popProvider(providerFiber: Fiber): void {
  const currentValue = valueCursor.current;
```

```
  pop(valueCursor, providerFiber);

  const context: ReactContext<any> = providerFiber.type._context;
  if (isPrimaryRenderer) {
    context._currentValue = currentValue;
  } else {
    context._currentValue2 = currentValue;
  }
}
```

全局定义 valueStack，index 是判断当前 context 位置的下标，每入栈一次（push），index++，出栈一次（pop），index--，具体代码如下所示。

```
export type StackCursor<T> = {|current: T |};

const valueStack: Array<any> = [];

let index = -1;

function createCursor<T>(defaultValue: T): StackCursor<T> {
  return {
    current: defaultValue,
  };
}

function isEmpty(): boolean {
  return index = = = -1;
}

function pop<T>(cursor: StackCursor<T>, fiber: Fiber): void {
  if (index < 0) {
    return;
  }

  cursor.current = valueStack[index];

  valueStack[index] = null;

  index--;
}

function push<T>(cursor: StackCursor<T>, value: T, fiber: Fiber): void {
  index++;
```

```
   valueStack[index] = cursor.current;


   cursor.current = value;
}
```

6.6.2　Refs

Refs 提供了一种允许访问 DOM 节点或在 render 方法中创建的 React 元素的方式。这种方式在 React 中并不推荐过度使用，因为会破坏逻辑性，但是对于某些场景还是非常有用的，因此了解 Refs 的工作原理是非常有必要的。

1. Ref 数据结构

ref 的数据结构很简单，是一个对象，current 指向当前对应的 DOM 节点或者 React 元素，代码如下所示。

```
export type RefObject = {|
  current: any,
|};
```

2. createRef

这个方法帮助我们创建一个对象并返回，current 初始化为 null。React 中有很多这样的对象，只包含一个指向当前的 current，以方便扩展，如记录当前 dispatcher 的 ReactCurrent-Dispatcher、记录当前有正在初始化组件的 ReactCurrentOwner 等。代码如下所示。

```
export function createRef(): RefObject {
  const refObject = {
    current: null,
  };
  return refObject;
}
```

3. commitAttachRef 添加 ref

在 commit 阶段最后会调用 commitLayoutEffects，在这里最后会去判断是否有 ref 的副作用，有的话，则去调用 commitAttachRef 赋值，代码如下所示。

```
function commitLayoutEffects(
  root: FiberRoot,
  committedExpirationTime: ExpirationTime,
) {
  while (nextEffect !== null) {

    const effectTag = nextEffect.effectTag;
```

```
    if (effectTag & (Update |Callback)) {
      const current = nextEffect.alternate;
      commitLayoutEffectOnFiber(
        root,
        current,
        nextEffect,
        committedExpirationTime,
      );
    }
    //如果有 ref 的副作用,则给当前 ref 赋值
    if (effectTag & Ref) {
      commitAttachRef(nextEffect);
    }


    nextEffect = nextEffect.nextEffect;
  }
}
```

fiber 的 instance 存在 stateNode，如果是 HostComponent，即原生标签组件，instance 就是
这个 DOM 节点。ref. current 指向的就是存在于 stateNode 中的节点，代码如下所示。

```
function commitAttachRef(finishedWork: Fiber) {
  const ref = finishedWork.ref;
  if (ref !== null) {
    const instance = finishedWork.stateNode;
    let instanceToUse;
    switch (finishedWork.tag) {
      case HostComponent:
        instanceToUse = getPublicInstance(instance);
        break;
      default:
        instanceToUse = instance;
    }
    //如果 ref 是函数,则执行,并传入 instanceToUse 作为参数
    if (typeof ref === 'function') {
      ref(instanceToUse);
    } else {
      ref.current = instanceToUse;
    }
  }
}
```

4. commitDetachRef 卸载 ref

commit 阶段，先去执行 commitMutationEffects，然后判断如果不是初次渲染，并且有 ref 副作用，则卸载 ref，下个阶段到 commitLayoutEffects 再判断是否添加，代码如下所示。

```
function commitMutationEffects(root: FiberRoot, renderPriorityLevel) {
  while (nextEffect !== null) {

    const effectTag = nextEffect.effectTag;

    if (effectTag & ContentReset) {
      commitResetTextContent(nextEffect);
    }

    if (effectTag & Ref) {
      //有 ref 副作用
      const current = nextEffect.alternate;
      if (current !== null) {
      //不是初次渲染
        commitDetachRef(current);
      }
    }

    let primaryEffectTag =
      effectTag & (Placement | Update | Deletion | Hydrating);
    switch (primaryEffectTag) {
      case Placement: {
        commitPlacement(nextEffect);
        nextEffect.effectTag &= ~Placement;
        break;
      }
      case PlacementAndUpdate: {
        // Placement
        commitPlacement(nextEffect);
        nextEffect.effectTag &= ~Placement;

        //Update
        const current = nextEffect.alternate;
        commitWork(current, nextEffect);
        break;
      }
      case Hydrating: {
        nextEffect.effectTag &= ~Hydrating;
        break;
```

```
    }
    case HydratingAndUpdate: {
      nextEffect.effectTag &= ~Hydrating;

      // Update
      const current = nextEffect.alternate;
      commitWork(current, nextEffect);
      break;
    }
    case Update: {
      const current = nextEffect.alternate;
      commitWork(current, nextEffect);
      break;
    }
    case Deletion: {
      commitDeletion(root, nextEffect, renderPriorityLevel);
      break;
    }
  }

  nextEffect = nextEffect.nextEffect;
}
```

卸载的时候执行函数比较简单，currentRef 为 function 的时候，执行函数的传参变成
null，否则设置 currentRef 为 null，代码如下所示。

```
function commitDetachRef(current: Fiber) {
  const currentRef = current.ref;
  if (currentRef !== null){
    if (typeof currentRef === 'function') {
      currentRef(null);
    } else {
      currentRef.current = null;
    }
  }
}
```

5. forwardRef

forwardRef 接收一个带有 props 和 ref 参数的函数，返回一个节点，代码如下所示。

```
export default function forwardRef<Props, ElementType: React$ElementType>(
  render: (props: Props, ref: React$Ref<ElementType>) => React$Node,
) {
```

```
return {
  $$typeof: REACT_FORWARD_REF_TYPE,
  render,
};
}
```

更新阶段参考 updateForwardRef。

6. 过时 API：String 类型的 Refs

在 React 16.3 版本之前，React 中的 ref 类型是 string，但是这种类型的 refs 存在一些问题。

1）它要求 React 始终知道当前渲染的组件是什么，不然就获取不到 this 的正确指向。

2）不满足 render callback 的形式，因此 string ref 在 React 未来版本中可能会被移除，如果项目中还有这种格式，建议尽早改成回调函数或者是 createRef。目前 React 16.13 中依然支持 string ref，源码中对于是这种格式的 ref 做了一层处理，就是把 ref 转化成 function ref：

```
function coerceRef(
  returnFiber: Fiber,
  current: Fiber |null,
  element: ReactElement,
) {
  let mixedRef = element.ref;
  if (
    mixedRef !== null &&
    typeof mixedRef !== 'function' &&
    typeof mixedRef !== 'object'
  ) {
    const owner: ?Fiber = (element._owner: any);
    let inst;
    if (owner) {
      const ownerFiber = ((owner: any): Fiber);
      inst = ownerFiber.stateNode;
    }

    const stringRef = '' + mixedRef;
    //Check if previous string ref matches new string ref
    if (
      current !== null &&
      current.ref !== null &&
      typeof current.ref === 'function' &&
      current.ref._stringRef === stringRef
    ) {
      return current.ref;
    }
```

```
    const ref = function(value) {
      let refs = inst.refs;
      if (refs === emptyRefsObject) {
        //This is a lazy pooled frozen object, so we need to initialize.
        refs = inst.refs = {};
      }
      if (value === null) {
        delete refs[stringRef];
      } else {
        refs[stringRef] = value;
      }
    };
    ref._stringRef = stringRef;
    return ref;
  }
  return mixedRef;
}
```

7. 关于回调 refs 的说明

如果回调函数是以内联函数的方式定义的，在更新过程中它会被执行两次，第一次传入参数 null，第二次会传入参数 DOM 元素。这是因为在每次渲染时会创建一个新的函数实例，所以 React 会清空旧的 ref 并且设置新的。通过将 ref 的回调函数定义成 class 的绑定函数的方式可以避免上述问题，但是大多数情况下它是无关紧要的。

6. 6. 3　事件系统

React 中有自己的事件系统模式，即通常被称为 React 合成事件。之所以采用这种自定义的合成事件，一方面是为了抹平差异性，使得 React 开发者不需要再去关注浏览器事件兼容性问题，另一方面是为了统一管理事件，提高性能，这主要体现在 React 内部实现事件委托，并且记录当前事件发生的状态上。

事件委托，也就是通常提到的事件代理机制，这种机制不会把时间处理函数直接绑定在真实的节点上，而是把所有的事件绑定到结构的最外层，使用一个统一的事件监听和处理函数。当组件加载或卸载时，只是在这个统一的事件监听器上插入或删除一些对象；当事件发生时，首先被这个统一的事件监听器处理，然后在映射表里找到真正的事件处理函数并调用。这样做简化了事件处理和回收机制，效率也有很大提升。

记录当前事件发生的状态，即记录事件执行的上下文，这便于 React 处理不同事件的优先级，达到谁优先级高先处理谁的目的，这里也就实现了 React 的增量渲染思想，可以预防掉帧，同时达到页面更顺滑的目的，提升用户体验。

以上是 React 合成事件的思想，关于具体实现，可以分为事件系统初始化和事件绑定两方面。

1. 事件系统初始化

在 ReactDOM 的入口文件里有以下代码，即是注入的开始：

```
import './ReactDOMClientInjection';
```

打开这个文件，发现它主要完成了 3 个功能：

```
//1.设置注入事件的顺序
injectEventPluginOrder(DOMEventPluginOrder);
//设置三个函数
setComponentTree(
  //根据参数 node,返回 props
  getFiberCurrentPropsFromNode,
  //根据参数 node,返回 ReactDOMComponent 或 ReactDOMTextComponent instance 或
or null
  getInstanceFromNode,
  //根据参数 ReactDOMComponent 或者 ReactDOMTextComponent,返回 node
  //其实就是 fiber.stateNode
  getNodeFromInstance,
);

//3.把所有事件包装成一个对象注入 registrationNameModules
injectEventPluginsByName({
  SimpleEventPlugin: SimpleEventPlugin,
  EnterLeaveEventPlugin: EnterLeaveEventPlugin,
  ChangeEventPlugin: ChangeEventPlugin,
  SelectEventPlugin: SelectEventPlugin,
  BeforeInputEventPlugin: BeforeInputEventPlugin,
});
```

最后生成一个 name 与事件插件模块的映射表对象，即 registrationNameModules，下面是这个对象打印出来的部分值截图，如图 6-1 所示。

事件插件模块的映射表对象上一共划分了五种事件，合成之后的事件名都是以 on 开头的驼峰式命名，以 SimpleEventPlugin 为例，细看其合成，代码如下：

```
const SimpleEventPlugin: PluginModule<MouseEvent> = {
  //simpleEventPluginEventTypes gets populated from
  //the DOMEventProperties module.
  eventTypes: simpleEventPluginEventTypes,
  extractEvents: function(
    topLevelType: TopLevelType,
    targetInst: null | Fiber,
    nativeEvent: MouseEvent,
    nativeEventTarget: null | EventTarget,
    eventSystemFlags: EventSystemFlags,
```

```
): null | ReactSyntheticEvent {
  //... 此处略掉一片适配的代码
  const event = EventConstructor.getPooled(
    dispatchConfig,
    targetInst,
    nativeEvent,
    nativeEventTarget,
  );
  accumulateTwoPhaseDispatchesSingle(event);
      // 返回经常用到的 event
  return event;
  },
};
```

```
registrationNameModules
▼ {onBlur: {…}, onBlurCapture: {…}, onCancel: {…}, onCancelCapture: {…}, onClick: {…}, …}
  ▶ onBlur: {eventTypes: {…}, extractEvents: f}
  ▶ onBlurCapture: {eventTypes: {…}, extractEvents: f}
  ▶ onCancel: {eventTypes: {…}, extractEvents: f}
  ▶ onCancelCapture: {eventTypes: {…}, extractEvents: f}
  ▶ onClick: {eventTypes: {…}, extractEvents: f}
  ▶ onClickCapture: {eventTypes: {…}, extractEvents: f}
  ▶ onClose: {eventTypes: {…}, extractEvents: f}
  ▶ onCloseCapture: {eventTypes: {…}, extractEvents: f}
  ▶ onContextMenu: {eventTypes: {…}, extractEvents: f}
  ▶ onContextMenuCapture: {eventTypes: {…}, extractEvents: f}
  ▶ onCopy: {eventTypes: {…}, extractEvents: f}
  ▶ onCopyCapture: {eventTypes: {…}, extractEvents: f}
  ▶ onCut: {eventTypes: {…}, extractEvents: f}
  ▶ onCutCapture: {eventTypes: {…}, extractEvents: f}
  ▶ onAuxClick: {eventTypes: {…}, extractEvents: f}
  ▶ onAuxClickCapture: {eventTypes: {…}, extractEvents: f}
  ▶ onDoubleClick: {eventTypes: {…}, extractEvents: f}
  ▶ onDoubleClickCapture: {eventTypes: {…}, extractEvents: f}
  ▶ onDragEnd: {eventTypes: {…}, extractEvents: f}
  ▶ onDragEndCapture: {eventTypes: {…}, extractEvents: f}
  ▶ onDragStart: {eventTypes: {…}, extractEvents: f}
  ▶ onDragStartCapture: {eventTypes: {…}, extractEvents: f}
  ▶ onDrop: {eventTypes: {…}, extractEvents: f}
  ▶ onDropCapture: {eventTypes: {…}, extractEvents: f}
  ▶ onFocus: {eventTypes: {…}, extractEvents: f}
  ▶ onFocusCapture: {eventTypes: {…}, extractEvents: f}
  ▶ onInput: {eventTypes: {…}, extractEvents: f}
  ▶ onInputCapture: {eventTypes: {…}, extractEvents: f}
  ▶ onInvalid: {eventTypes: {…}, extractEvents: f}
  ▶ onInvalidCapture: {eventTypes: {…}, extractEvents: f}
  ▶ onKeyDown: {eventTypes: {…}, extractEvents: f}
  ▶ onKeyDownCapture: {eventTypes: {…}, extractEvents: f}
```

●图 6-1　事件插件模块的映射表对象

simpleEventPluginEventTypes 实现的具体代码如下所示。

```
// 定义、初始化
export const simpleEventPluginEventTypes = {};
// SimpleEventPlugin
processSimpleEventPluginPairsByPriority(
```

```
  discreteEventPairsForSimpleEventPlugin,
  DiscreteEvent,
);
processSimpleEventPluginPairsByPriority(
  userBlockingPairsForSimpleEventPlugin,
  UserBlockingEvent,
);
processSimpleEventPluginPairsByPriority(
  continuousPairsForSimpleEventPlugin,
  ContinuousEvent,
);
// Not used by SimpleEventPlugin
processTopEventPairsByPriority(otherDiscreteEvents, DiscreteEvent);
```

关于 processSimpleEventPluginPairsByPriority 要做的事情就是把 eventTypes 赋值，并给不同事件添加不同优先级，如 click 的优先级就是 DiscreteEvent(0)，drag 的优先级就是 User-BlockingEvent(1)，load 的优先级就是 ContinuousEvent(2)，具体代码如下所示。

```
/**
 * Turns
 * ['abort', ...]
 * into
 * eventTypes = {
 *   'abort': {
 *     phasedRegistrationNames: {
 *       bubbled: 'onAbort',
 *       captured: 'onAbortCapture',
 *     },
 *     dependencies: [TOP_ABORT],
 *   },
 *   ...
 * };
 * topLevelEventsToDispatchConfig = new Map([
 *   [TOP_ABORT, { sameConfig }],
 * ]);
 */

function processSimpleEventPluginPairsByPriority(
  eventTypes: Array<DOMTopLevelEventType | string>,
  priority: EventPriority,
): void {
  for (let i = 0; i < eventTypes.length; i += 2) {
    const topEvent = ((eventTypes[i]: any): DOMTopLevelEventType);
```

```
      const event = ((eventTypes[i + 1]: any): string);
      const capitalizedEvent = event[0].toUpperCase() + event.slice(1);
      const onEvent = 'on' + capitalizedEvent;

      const config = {
        phasedRegistrationNames: {
          bubbled: onEvent,
          captured: onEvent + 'Capture',
        },
        dependencies: [topEvent],
        eventPriority: priority,
      };
      eventPriorities.set(topEvent, priority);
      topLevelEventsToDispatchConfig.set(topEvent, config);
      simpleEventPluginEventTypes[event] = config;
    }
}
```

不同的事件处理应该是不同的，如 onChange 事件优先级通常就应该高于 onClick，关于事件优先级（shared/ReactTypes）常量定义如下：

```
export type EventPriority = 0 |1 |2;

export const DiscreteEvent: EventPriority = 0;
export const UserBlockingEvent: EventPriority = 1;
export const ContinuousEvent: EventPriority = 2;
```

打印 SimpleEventPlugin 对象，如图 6-2 所示。

```
▼SimpleEventPlugin:
  ▼eventTypes:
    ▶blur: {phasedRegistrationNames: {…}, dependencies: Array(1), eventPriority: 0}
    ▶cancel: {phasedRegistrationNames: {…}, dependencies: Array(1), eventPriority: 0}
    ▼click:
      ▼phasedRegistrationNames:
          bubbled: "onClick"
          captured: "onClickCapture"
        ▶__proto__: Object
      ▶dependencies: ["click"]
        eventPriority: 0
      ▶__proto__: Object
    ▶close: {phasedRegistrationNames: {…}, dependencies: Array(1), eventPriority: 0}
```

●图 6-2　SimpleEventPlugin 对象

2. 事件绑定

事件绑定会发生在 DOM 的初始化和更新过程中。setInitialDOMProperties 函数用于初始化 DOM 节点的属性，这其中包括 style、children、dangerouslySetInnerHTML，具体代码如下所示。

```
function setInitialDOMProperties(
  tag: string,
```

```
    domElement: Element,
    rootContainerElement: Element | Document,
    nextProps: Object,
    isCustomComponentTag: boolean,
): void {
    //nextProps 是个对象,对它进行遍历
    for (const propKey in nextProps) {
        if (!nextProps.hasOwnProperty(propKey)) {
            continue;
        }
        const nextProp = nextProps[propKey];
        if (propKey === STYLE) {
            //style 样式
            setValueForStyles(domElement, nextProp);
        } else if (propKey === DANGEROUSLY_SET_INNER_HTML) {
            //DANGEROUSLY_SET_INNER_HTML
            const nextHtml = nextProp ? nextProp[HTML] : undefined;
            if (nextHtml != null) {
                setInnerHTML(domElement, nextHtml);
            }
        } else if (propKey === CHILDREN) {
            //children 判断如果是 string 或者 number,则利用 nodeValue 或者 textContent 更
新即可
            //这里源码中加注释说,当 text 为空时,应该避免设置 textContent.在 IE11 中,给<tex-
tarea>设置 textContent 会导致 placeholder 不显示,除非 < textarea > 再次被聚焦
(focused)或者失焦(blur)
            if (typeof nextProp === 'string') {
                const canSetTextContent = tag !== 'textarea' || nextProp !== '';
                if (canSetTextContent) {
                    setTextContent(domElement, nextProp);
                }
            } else if (typeof nextProp === 'number') {
                setTextContent(domElement, '' + nextProp);
            }
        } else if (
            (enableDeprecatedFlareAPI && propKey === DEPRECATED_flareListeners) ||
            propKey === SUPPRESS_CONTENT_EDITABLE_WARNING ||
            propKey === SUPPRESS_HYDRATION_WARNING
        ) {
            //Noop
        } else if (propKey === AUTOFOCUS) {
        } else if (registrationNameModules.hasOwnProperty(propKey)) {
```

```
    //如果已经注册的事件模块对象中有这个 key,那证明这是一个事件,去添加事件
    if (nextProp != null) {
      ensureListeningTo(rootContainerElement, propKey);
    }
  } else if (nextProp != null) {
     setValueForProperty (domElement, propKey, nextProp, isCustomComponent-
Tag);
    }
  }
}
```

这里判断了某个 propKey 是否在 registrationNameModules 中，而 registrationNameModules 是在初始化事件系统中注册的事件名对应的模块的对象。接下来继续下个函数监听：

```
function ensureListeningTo(
  rootContainerInstance: Element |Node,
  registrationName: string,
): void {
  if (enableModernEventSystem) {
    // If we have a comment node, then use the parent node,
    //which should be an element.
    const rootContainerElement =
      rootContainerInstance.nodeType = = = COMMENT_NODE
        ? rootContainerInstance.parentNode
        : rootContainerInstance;
    listenToEvent(registrationName, ((rootContainerElement: any): Element));
  } else {
    //Legacy plugin event system path
    const isDocumentOrFragment =
      rootContainerInstance.nodeType = = = DOCUMENT_NODE ||
      rootContainerInstance.nodeType = = = DOCUMENT_FRAGMENT_NODE;
    const doc = isDocumentOrFragment
      ? rootContainerInstance
      : rootContainerInstance.ownerDocument;
    //实际事件是注入到了 rootContainerInstance 或者它的 ownerDocument 上
    legacyListenToEvent(registrationName, ((doc: any): Document));
  }
}
```

这里的 rootContainerInstance 是 React 应用的挂载点，或者是 HostPortal 的 container，这些事件都是通过事件代理来实现的。再看 legacyListenToEvent，函数实现如下：

```
export function legacyListenToEvent(
  registrationName: string,
```

```
    mountAt: Document | Element,
  ): void {
    const listenerMap = getListenerMapForElement(mountAt);
    const dependencies = registrationNameDependencies[registrationName];

    for (let i = 0; i < dependencies.length; i++) {
      const dependency = dependencies[i];
      legacyListenToTopLevelEvent(dependency, mountAt, listenerMap);
    }
  }

export function legacyListenToTopLevelEvent(
  topLevelType: DOMTopLevelEventType,
  mountAt: Document | Element,
  listenerMap: Map<DOMTopLevelEventType | string, null | (any => void)>,
): void {
  if (!listenerMap.has(topLevelType)) {
    switch (topLevelType) {
      case TOP_SCROLL:
        legacyTrapCapturedEvent(TOP_SCROLL, mountAt);
        break;
      case TOP_FOCUS:
      case TOP_BLUR:
        legacyTrapCapturedEvent(TOP_FOCUS, mountAt);
        legacyTrapCapturedEvent(TOP_BLUR, mountAt);
        listenerMap.set(TOP_BLUR, null);
        listenerMap.set(TOP_FOCUS, null);
        break;
      case TOP_CANCEL:
      case TOP_CLOSE:
        if (isEventSupported(getRawEventName(topLevelType))) {
          legacyTrapCapturedEvent(topLevelType, mountAt);
        }
        break;
      case TOP_INVALID:
      case TOP_SUBMIT:
      case TOP_RESET:
        break;
      default:
        const isMediaEvent = mediaEventTypes.indexOf(topLevelType) !== -1;
        if (!isMediaEvent) {
          legacyTrapBubbledEvent(topLevelType, mountAt);
```

```
    }
        break;
    }
    listenerMap.set(topLevelType, null);
  }
}
export function legacyTrapBubbledEvent(
  topLevelType: DOMTopLevelEventType,
  element: Document | Element,
): void {
  trapEventForPluginEventSystem(element, topLevelType, false);
}
```

至此就把事件通过事件代理的方式绑定到了 container 对象上。对于特殊节点的不会冒泡的事件，在 setInitialProperties 中已经事先直接绑定到节点上了。

6.6.4　setState 异步 Or 同步

React 理论上有三种模式可选：默认的 legacy 模式、blocking 模式和 concurrent 模式，其中 legacy 模式在合成事件中有自动批处理的功能，但仅限于一个浏览器任务。非 React 事件想使用这个功能必须使用 unstable_batchedUpdates。在 blocking 模式和 concurrent 模式下，所有的 setState 在默认情况下都是批处理的，但是这两种模式目前仅实验版本可用。

在目前的版本中，事件处理函数内部的 setState 是异步的，即批量执行，这样是为了避免子组件被多次渲染，这种机制在大型应用中可以得到很好的性能提升。但是 React 官网也提到这只是一个实现的细节，所以请不要直接依赖于这种机制。在以后的版本当中，React 会在更多的情况下默认使用 state 的批量更新机制。

6.6.5　diff

在某一时间节点调用 React 的 render 方法，会创建一棵由 React 元素组成的树，在下一次 state 或 props 更新时，相同的 render 方法会返回另一棵不同的树。React 需要基于这两棵树之间的差别来判断如何有效地更新 UI 以保证当前 UI 与最新的树保持同步。

这个问题有一些通用的解决方案，即生成一棵树转换成另一棵树的最小操作数。然而，即使在最前沿的算法中，该算法的复杂程度为 $O(n3)$，其中 n 是树中元素的数量。如果在 React 中使用了该算法，那么展示 1000 个元素所需要执行的计算量将在十亿的量级范围。这个开销实在是太过高昂。于是 React 在以下两个假设的基础之上提出了一套 $O(n)$ 的启发式算法。

1）两个不同类型的元素会产生出不同的树。

2）开发者可以通过 key prop 来暗示哪些子元素在不同的渲染下能保持稳定。

在实践中，我们发现以上假设在几乎所有实用的场景下都成立。

1. React diff 实现

当对比两棵树时，React 首先比较两棵树的根节点，不同类型的根节点元素会有不同的行为。

1）比对不同类型的元素。

当根节点为不同类型的元素时，React 会卸载老树并创建新树。例如，从 <div>变成 <a></a>，从 <Article>变成<Comment>，或者从<Button>变成<div>，这些都会触发一个完整的重建流程。

卸载老树的时候，老的 DOM 节点也会被销毁，组件实例会执行 componentWillUnmount。创建新树的时候，也会有新的 DOM 节点插入 DOM，这个组件实例会执行 componentWill-Mount( )和 componentDidMount( )。当然，老树相关的 state 也被消除。

2）比对同类型的 DOM 元素。

当对比同类型的 DOM 元素的时候，React 会比对新旧元素的属性，同时保留老的，只去更新改变的属性。处理完 DOM 节点之后，React 会递归遍历子节点。

3）比对同类型的组件元素。

这个时候，React 更新该组件实例的 props，调用 componentWillReceiveProps( )和 compo-nentWillUpdate( )。下一步，render 被调用，diff 算法递归遍历新老树。

4）对子节点进行递归。

当递归 DOM 节点的子元素时，React 会同时遍历两个子元素的列表。下面是遍历子节点的源码，解析这段源码得出以下思路。

① 首先判断当前节点是否是没有 key 值的顶层 fragment 元素，如果是的话，需要遍历的 newChild 就是 newChild. props. children 元素。

② 判断 newChild 的类型，如果是 object，并且$ $typeof 是 REACT_ELEMENT_TYPE，那么证明这是一个单个的 HTML 标签元素，则首先执行 reconcileSingleElement 函数，返回协调之后得到的 fiber，placeSingleChild 函数把这个 fiber 放到指定位置上。

③ REACT_PORTAL_TYPE 同上一条。

④ 如果 newChild 是 string 或者 number，即文本，则执行 reconcileSingleTextNode 函数，返回协调之后得到的 fiber，依然是 placeSingleChild 把这个 fiber 放到指定的位置上。

⑤ 如果是 newChild 数组，则执行 reconcileChildrenArray 对数组进行协调。

```
function reconcileChildFibers(
    returnFiber: Fiber,
    currentFirstChild: Fiber |null,
    newChild: any,
    expirationTime: ExpirationTime,
): Fiber |null {

    const isUnkeyedTopLevelFragment =
        typeof newChild === 'object' &&
        newChild !== null &&
        newChild.type === REACT_FRAGMENT_TYPE &&
        newChild.key === null;
```

```
    if (isUnkeyedTopLevelFragment) {
      newChild = newChild.props.children;
    }

    //Handle object types
    const isObject = typeof newChild = = = 'object' && newChild ! = = null;

    if (isObject) {
      switch (newChild. $ $typeof) {
        case REACT_ELEMENT_TYPE:
          return placeSingleChild(
            reconcileSingleElement(
              returnFiber,
              currentFirstChild,
              newChild,
              expirationTime,
            ),
          );
        case REACT_PORTAL_TYPE:
          return placeSingleChild(
            reconcileSinglePortal(
              returnFiber,
              currentFirstChild,
              newChild,
              expirationTime,
            ),
          );
      }
    }

    if (typeof newChild = = = 'string' || typeof newChild = = = 'number') {
      return placeSingleChild(
        reconcileSingleTextNode(
          returnFiber,
          currentFirstChild,
          " + newChild,
          expirationTime,
        ),
      );
    }

    if (isArray(newChild)) {
```

```
    return reconcileChildrenArray(
      returnFiber,
      currentFirstChild,
      newChild,
      expirationTime,
    );
  }

  if (isObject) {
    throwOnInvalidObjectType(returnFiber, newChild);
  }

  //Remaining cases are all treated as empty.
  return deleteRemainingChildren(returnFiber, currentFirstChild);
}
```

2. React diff 的优缺点

React 由于设定的 diff 前提，达到了 O(n)的算法复杂度，在目前所有 diff 中属于优秀级别，再加上 fiber 的架构，做到了增量渲染，防止了掉帧，这绝对是前端中的一大革新，其思想值得前端工程师深入学习。

但是也有一些目前没有解决的缺点。比如说由于 React 的 fiber 的单链表结构性质，导致 React diff 查找的时候不能从两端开始查找，这在时间复杂度上是非常值得优化的一个点，React 目前也在寻求这种优化。

相对别的框架来说，对于 React 学习者来说，精通掌握 React 相对需要一个较长的周期，这可以说是 React 的缺点，但这其实也可以说是个优点，没那么简单快速掌握是因为 React 有很多先进的思想，如最早的虚拟 DOM，到后来的 Fiber、Hooks，先进的技术思想如果能被99%的人快速掌握，那这个先进恐怕就得加上引号了。

3. React 中 diff 与 vue diff 的对比

React 本身架构与 Vue 不同，Vue 中没有 fiber，目前也用不到 fiber。而且 React diff 算法的实现是基于自身架构的，React 实现不了双向查找，而 Vue 可以，这就是最大的不同。

6.7　小结

没有任何一个框架是完美的，但是可以逐步靠近完美。实现了最初的虚拟 DOM 到 fiber 的优化，实现了函数组件的 hooks 等革新的技术之后，React 目前还有很多事情要做，如 diff 算法在查找上的进一步优化、处于实验阶段的 Concurrent 模式和 Suspense 用于数据获取等，还有我们所熟知的合成事件系统，React 也在做进一步的优化，本书如果讲纯粹的 React 使用，也许很快就会过时，但是我们可以更注重算法与思想，因为这两样永远不会过时。

第7章
工程化配置

经过前面的学习，相信读者已经对 React 有了较深的认知。接下来将带领读者学习 React 工程化配置相关知识。本章将选用当下最主流的构建工具 webpack 作为 React 工程化的落地工具，一步步地实现 React 工程化环境搭建。

7.1 webpack 入门

近年来，webpack 凭借自身生态丰富，配置灵活，官方维护稳定等优点，已成为前端工程化构建领域里最流行的构建工具。要想从零起步搭建自己的 React 开发环境，又对 webpack 不熟悉的读者不必担心，本小节将由浅入深地介绍 webpack，从安装方式到基础概念再到核心配置，帮助大家一步步地掌握 webpack。

7.1.1 什么是 webpack

webpack 本质上是一个打包工具，它会根据代码的内容解析模块依赖，帮助用户把多个模块的代码打包。如图 7-1 所示。

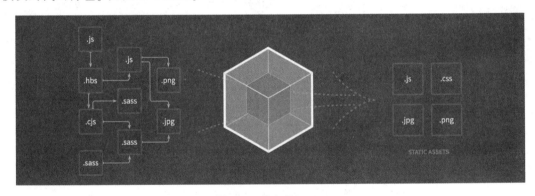

●图 7-1 什么是 webpack

7.1.2 webpack 安装

注意：

在开始安装之前，请确保本地系统安装 8.0 及以上版本的 Node.js 环境（https://node-js.org/）。

1. 本地项目安装

先创建一个新项目：webpack-demo && cd webpack-demo。再进入该项目根目录执行 npm init -y 来初始化项目，生成 package.json 文件。推荐使用 npm 或者 yarn 来安装 webpack。

```
npm install webpack webpack-cli -D
#或者
yarn  addwebpack webpack-cli -D
```

> **注意:**

webpack-cli 是使用 webpack 的命令行工具, 在 4.x 版本之后不再作为 webpack 的依赖了, 使用时需要单独安装这个工具。

安装完成后, 可以通过以下方式运行 webpack:

```
npx webpack
```

2. 全局安装

通过以下 npm 安装方式, 可以使 webpack 在全局环境下可用。

```
npm install webpack -global
```

> **注意:**

不推荐全局安装 webpack。这会将用户项目中的 webpack 锁定到指定版本, 并且在使用不同 webpack 版本的项目中, 可能会导致构建失败。

3. 体验最新版本

如果用户热衷于使用最新版本的 webpack, 可以使用以下命令安装 beta 版本:

```
npm install webpack@beta
```

> **注意:**

在安装这些最新体验版本时要小心! 它们可能仍然包含 bug, 因此不应该用于生产环境。

7.1.3 使用 webpack

下面通过 webpack 构建一个简单的项目, 该项目中的某个网页会通过 JavaScript 显示 hello world。

1. 初始化项目结构

创建目录 webpack-demo, 安装 webpack, 运行构建前, 先将要完成该功能的最基础的 JavaScript 文件和 HTML 文件建立好, 项目结构最终如下:

```
webpack-demo
  |-node_modules
  |- package.json
  |- package-lock.json
+ |- index.html
+ |- /src
+   |- index.js
+   |- show.js
```

src/show. js 文件内容如下：

```
function show(text) {
  document.getElementById("app").innerText = "hello," + text;
}
//通过 CommonJs 规范导出 show 函数
module.exports = show;
```

src/index. js 文件内容如下：

```
//通过 CommonJs 规范导入 show 函数
const show = require("./show.js");
show("webpack!");
```

index. html 文件内容如下：

```
<!DOCTYPE html>
<html lang="en">
  <head>
    <meta charset="UTF-8" />
    <meta name="viewport" content="width=device-width, initial-scale=1.0" />
    <title>webpack_demo</title>
  </head>
  <body>
    <div id="app"></div>
    <!--引入入口 js 文件 -->
    <script src="./src/index.js"></script>
  </body>
</html>
```

在此示例中，index. html 文件里的<script>标签引入的 JavaScript 文件是 src/index. js，里面包含了 CommonJS 模块化语句。因为直接引用 src/index. js 文件会有一些问题，所以用户需要先对该项目执行构建，把 JavaScript 文件里面模块化语句处理成浏览器可以正确执行的格式。

2. 执行 webpack

```
npx webpack
```

命令行工具界面将出现如下信息：

```
npx webpack:
...
Hash: dc071612a36d308767c7
Version:webpack 4.42.1
Time: 86ms
Built at: 2020-04-09 11:12:59
Asset        Size  Chunks          Chunk Names
```

```
xx.js  930 bytes      0  [emitted]  main
Entrypoint main = xx.js
[0] ./src/index.js 0 bytes {0} [built]

WARNING in configuration
The 'mode' option has not been set,webpack will fallback to 'production' for this
value. Set 'mode' option to 'development' or 'production' to enable defaults for
each environment.
You can also set it to 'none' to disable any default behavior. Learn more: https://
webpack.js.org/configuration/mode/
```

注意：

执行成功，index.js 文件被打包到了 dist 文件夹下，同时提示默认使用了 production mode，即生产环境，打开 dist/main.js，里面的代码的确是被压缩的，说明是生产环境打包。警告的问题，会在 7.1.4 节解决。

执行构建后的项目结构：

```
webpack-demo
+ |- dist
+   |- main.js
  |-node_modules
  |- package.json
  |- package-lock.json
  |- index.html
  |- /src
    |- index.js
    |- show.js
```

执行 npx webpack，会将脚本 src/index.js 作为入口起点，也会生成 dist/main.js 作为输出。会发现目录下多出一个 dist 目录，里面的 main.js 文件是一个可执行的 JavaScript 文件，包含 webpackBootstrap 启动函数。

现在替换 src/index.html 文件里的 JavaScript 文件引用，使用经过 webpack 构建后的输出文件 dist/main.js。

```
<!DOCTYPE html>
<html lang="en">
  <head>
    <meta charset="UTF-8" />
    <meta name="viewport" content="width=device-width, initial-scale=1.0" />
    <title>webpack_demo</title>
  </head>
```

```
  <body>
    <div id="app"></div>
    <!--引入入口 js 文件 -->
  - <script src="./src/index.js"></script>
  + <script src="./dist/main.js"></script>
  </body>
</html>
```

3. 测试

在浏览器中打开 index. html，如果一切正常，用户应该能看到以下文本："Hello, web-pack!"。

7.1.4　webpack 基础

本节将介绍 webpack 的基础配置。

1. webpack 默认配置

webpack 在 4. x 的版本里是支持零配置的，不需要额外使用配置文件（webpack.config. js）就可以执行简单的构建任务。webpack 的默认配置如下：

```
const path = require("path");
module.exports = {
  entry: "./src/index.js",
  output: {
    filename: "main.js",
    path: path.resolve(__dirname, "./dist")
  }
};
```

1）webpack 的默认入口（entry）是 src/index. js。

2）webpack 的默认输出目录（output）是 ./dist。

3）webpack 没有指定 mode 模式会出现警告，默认 production 生产模式。

2. webpack. config. js 配置文件

webpack 是可配置的模块打包工具，可以通过修改 webpack 的配置文件（webpack. config. js）来对 webpack 进行配置。

要想使用配置文件对 webpack 进行配置，只需要在项目的根目录下创建 webpack. con-fig. js 文件即可。这样在执行 webpack 时，会按照 webpack. config. js 文件的配置进行构建。下面看一个简单的示例：

```
#webpack.config.js 文件
const path = require("path");

module.exports = {
```

```
    mode: "development",
    entry: "./src/index.js",
    output: {
        path: path.resolve(__dirname, "./dist"),
        filename: "bundle.js"
    }
};
```

3. webpack 基础概念

webpack 的基础概念如下。

1）entry 入口：指定 webpack 执行构建任务的入口，一般为项目的入口文件。

2）output 输出：告诉 webpack 在哪里输出它所创建的 bundles，以及如何命名这些文件，默认值为 ./dist。

3）module 模块：webpack 是基于 Node. Js 的，项目中的任何文件都可以看成 module。

4）loader：模块转化器，用于对模块的源代码进行转换。

5）plugin 插件：webpack 的支柱功能，作用于 webpack 整个构建周期，plugin 插件目的在于解决 loader 无法实现的任务。

6）bundle 文件：最终打包完成的文件，比如默认配置下输出的 ./dist/main. js 文件。

7）mode 模式：通过配置 mode = development 或者 mode = production 来制定是开发环境打包，还是生产环境打包，比如生产环境代码需要压缩，图片需要优化，webpack 默认 mode 是生产环境，即 mode = production。如果不设置，会有警告。

把上面的内容整理一下，并回顾下 webpack 的构建过程，可以发现 webpack 是从指定的入口文件（entry）开始，经过加工处理，最终按照 output 设定输出固定内容的 bundle；而这个加工处理的过程，用到了 loader 和 plugin 两个工具：loader 是源代码的处理器，plugin 解决的是 loader 处理不了的问题。

7.1.5 webpack 核心配置

1. entry

webpack 的 entry 支持字符串、对象、数组类型。从作用上来说，包括了单文件入口和多文件入口两种方式。

（1）单文件的用法

```
module.exports = {
    entry: "./src/index.js"
};
//或者使用对象方式
module.exports = {
    entry: {
        main: "./src/index.js",
```

```
    }
};
```

entry 还可以传入包含文件路径的数组，当 entry 为数组的时候也会合并输出，例如下面的配置：

```
module.exports = {
    entry: ["./src/index.js","./src/other.js"],
    output: {
        filename: "bundle.js"
    }
};
```

> **注意：**

上面配置无论是字符串还是字符串数组的 entry，实际上都是只有一个入口，但是在打包产出上会有差异：

① 如果直接是 string 的形式，那么 webpack 就会直接把该 string 指定的模块（文件）作为入口模块。

② 如果是数组 [string] 的形式，那么 webpack 会自动生成另外一个入口模块，并将数组中每个元素指定的模块（文件）加载进来，并将最后一个模块的 module.exports 作为入口模块的 module.exports 导出。

（2）多文件入口的用法

多文件入口是使用对象方式配置 entry，多文件入口的语法如下：

```
module.exports = {
    entry: {
        index:'./src/index.js',
        list:'./src/list.js',
        detail:'./src/detail.js'
    }
};
```

上面的语法将 entry 分成了 3 个独立的入口文件，这样会打包出来 3 个对应的 bundle 文件。

2. output 输出

webpack 的 output 是指定了 entry 对应文件编译打包后的输出 bundle。output 的常用属性如下。

1）path：设置输出的 bundle 文件存放路径，必须为绝对路径。

2）filename：设置 bundle 文件的名称。

> **注意：**

当不指定 output 的时候，默认输出到 dist/main.js，即 output.path 是 dist，output.filename 是 main.js。

一份 webpack 的配置可以多入口，但不能多出口。对于不同的 entry 可以通过 output. filename 占位符语法来区分，比如：

```
const path = require("path");
module.exports = {
  entry: {
    index: "./src/index.js",
    list: "./src/list.js ",
    detail: "./src/detail.js ",
  },

  output: {
    path: path.resolve(__dirname, "./build"),
    filename: "[name]-[hash:8].js",
  },
  mode: "development",
};
```

其中[name]，[hash:8]就是占位符，占位符是可以组合使用的，例如[name]-[hash:8]。

[name]：把入口配置的 key 作为输出模块的名称。

[hash]：是整个项目的 hash 值，其根据每次编译内容计算得到，每次编译之后都会生成新的 hash，即修改任何文件都会导致所有文件的 hash 发生改变。hash 的长度可以使用[hash：8]（默认为 20）来指定。

3. module 模块

webpack 默认只支持解析 JavaScript 和 Json 模块，对于别的类型模块，比如 less 模块、css 模块，webpack 默认不支持。这时就需要 module 配置了，不同的模块需要不同的模块转换器（loader）来处理。module 有以下两个配置。

1）module. noParse：配置项可以让 webpack 忽略对部分没采用模块化的文件的递归解析和处理，这样做的好处是能提高构建性能。代码如下：

```
const path = require("path");
module.exports = {
  module: {
    noParse: /jquery|lodash/,
  },
};
```

2）module. rules：是在处理模块时，将符合规则条件的模块，提交给对应的处理器来处理，通常用来配置 loader，其类型是一个数组，数组里每一项都描述了如何去处理部分文件。

我们常用条件匹配方式来匹配模块，条件匹配相关的配置常用的有 test、include、exclude。

例如，下面代码中 rule 的配置项，匹配的条件为：来自 src 和 test 文件夹，不包含 node

_modules 和 bower_modules 子目录，模块的文件路径为 .tsx 和 .jsx 结尾的文件。

```javascript
const path = require("path");
module.exports = {
  module: {
    rules:[
      {
        test: [/\.jsx?$/, /\.tsx?$/],
        include: [
          path.resolve(__dirname,'src'),
          path.resolve(__dirname,'test')
        ],
        exclude: [
          path.resolve(__dirname,'node_modules'),
          path.resolve(__dirname,'bower_modules')
        ]
      }
    ]
  },
};
```

4. loader

loader 是模块解析处理器，用在 module.rules 字段里，配合条件匹配，对符合条件的模块进行转换。

在使用对应的 loader 之前，需要先将其安装，例如，要在 JavaScript 中引入 less，则需要安装 less-loader：

```
npm i less-loader -D
```

然后在 module.rules 中指定 *.less 文件都是用 less-loader 来处理 r：

```javascript
module.exports = {
  module:{
    rules:[
      test: /\.less $/,
      use:'less-loader'
    ]
  }
}
```

简单来理解上面的配置，test 项使用/\.less $/正则匹配需要处理的模块文件（即 less 后缀的文件），然后交给 less-loader 来处理，这里的 less-loader 是个 string，最终会被作为 require()的参数来直接使用。

这样 less 文件都会被 less-loader 处理成对应的 css 文件。

5. plugin 插件

plugin 是 webpack 的重要组成部分，通过 plugin 可以解决 loader 解决不了的问题。webpack 本身就是由很多插件组成的，所以内置了很多插件，可以直接通过 webpack 对象的属性来直接使用，例如：webpack. optimize. UglifyJsPlugin。

```
module.exports = {
    //....
    plugins: [
        //压缩 js
        new webpack.optimize.UglifyJsPlugin();
    ]
}
```

除了内置的插件，也可以通过 NPM 包的方式来使用插件。
先安装：

```
npm i extract-text-webpack-plugin -D
```

再使用：

```
//非默认的插件
const ExtractTextPlugin = require('extract-text-webpack-plugin');
module.exports = {
    //....
    plugins: [
        //导出 css 文件到单独的内容
        newExtractTextPlugin({
            filename:'style.css'
        })
    ]
};
```

6. devtool

devtool 来控制怎么显示 sourcemap，通过 sourcemap 可以快速还原代码的错误位置。

但是由于 sourcemap 包含的数据量较大，而且生成算法需要一定的计算量支持，不同的值会明显影响到构建（build）和重新构建（rebuild）的速度。表 7-1 梳理了不同的 devtool 值对应不同的 sourcemap 类型的打包速度和特点。

表 7-1　不同的 **devtool** 值对应不同的 **sourcemap** 类型的打包速度和特点

devtool	构建速度	重新构建速度	生产环境	品质（quality）
（none）	+++	+++	yes	打包后的代码
eval	+++	+++	no	生成后的代码
cheap-eval-source-map	+	++	no	转换过的代码（仅限行）
cheap-module-eval-source-map	o	++	no	原始源代码（仅限行）
eval-source-map	--	+	no	原始源代码
cheap-source-map	+	o	no	转换过的代码（仅限行）

（续）

devtool	构建速度	重新构建速度	生产环境	品质（quality）
cheap-module-source-map	o	–	no	原始源代码（仅限行）
inline-cheap-source-map	+	o	no	转换过的代码（仅限行）
inline-cheap-module-source-map	o	–	no	原始源代码（仅限行）
source-map	--	--	yes	原始源代码
inline-source-map	--	--	no	原始源代码
hidden-source-map	--	--	yes	原始源代码
nosources-source-map	--	--	yes	无源代码内容

注：+++非常快速，++快速，+比较快，o 中等，–比较慢，--慢

注意：

一般情况下，开发环境推荐使用 cheap-module-eval-source-map，生产环境不推荐开启 sourcemap。

7.2   实战 React 开发环境

本节将讲解如何使用 webpack 去打造基于 React 框架的前端开发环境。

7.2.1   搭建前端开发基础环境

首先是创建目录、初始化 package. json、安装 webpack。

```
//新建目录并进入
mkdir react-webpack && cd react-webpack
//初始化,生成 package.sjon
npm init -y
//安装 webpack
npm i webpack webpack-cli -D
```

在根目录下创建 src 目录，作为存放源码的地方。
在 src 目录下创建 index. js 文件，作为项目入口文件。
在根目录下创建 webpack. config. js 文件，作为 webpack 执行构建的配置文件：

```
//webpack.config.js
const path = require("path");
module.exports = {
  entry: "./src/index.js",
  mode: "development"
```

```
  output: {
    filename: "main.js",
    path: path.resolve(__dirname, "./dist"),
  },
};
```

修改 package.json 文件，增加 dev 命令行：

```
{
  "name": "react-webpack",
  "version": "1.0.0",
  "description":"",
  "main": "index.js",
  "scripts": {
    "dev": "webpack"
  },
  "keywords": [],
  "author":"",
  "license": "ISC",
  "devDependencies": {
    "webpack": "^4.43.0",
    "webpack-cli": "^3.3.11"
  }
}
```

打印命令执行 webpack 构建，测试环境是否正常。

```
npm run dev
```

7.2.2　样式配置

接下来处理样式问题，在 src 目录中新建 css 目录，进入 css 目录后创建 index. css 文件。

```
#index.css
body {
  background: red;
}
```

在 webpack 中一切皆模块，CSS 也可以在 JavaScript 中被直接引用，但是 CSS 的语法 JavaScript 是不能解析的，所以下面代码会报错：

```
#index.js
import css from './css/index.css';
console.log(css);
```

报错信息：

```
ERROR in ./src/css/index.css 1:5
Module parse failed: Unexpected token (1:5)
You may need an appropriate loader to handle this file type, currently no loaders
are configured to process this file. See https://webpack.js.org/concepts#load-
ers
> body {
|   background: red;
| }
@ ./src/index.js 1:0-34 2:12-15
```

这时候就需要添加 webpack 的 loader 来处理 CSS 了。
首先添加 css-loader：

```
npm i -D css-loader
```

然后给 webpack.config.js 添加 rule：

```
{
    module: {
        rules: [
            {
                test: /\.css$/,
                use: ['css-loader']
            }
        ]
    }
}
```

修改 index.js 添加下面代码：

```
import css from './css/index.css';
console.log(css, css.toString());
```

在 dist 目录中创建 index.html，内容如下：

```
<!DOCTYPE html>
<html lang="en">
  <head>
    <meta charset="UTF-8" />
    <meta name="viewport" content="width=device-width, initial-scale=1.0" />
    <title>Document</title>
  </head>
  <body>
    <script src="main.js"></script>
  </body>
</html>
```

在浏览器中打开 html 文件，查看控制台输出是否正确，如图 7-2 所示。

```
index.js:5
▼Array(1) 📋
 ▶0: (3) ["./src/css/index.css", "body {↵  background:…
 ▶i: f (modules, mediaQuery, dedupe)
 ▶toString: f toString()
  length: 1
 ▶__proto__: Array(0)
> |
```

●图 7-2　校验 css-loader 输出

这时候 CSS 会被转成字符串，JS 就可以直接使用。

除了上面直接在 webpack. config. js 中添加 rule，还可以在 JavaScript 中直接使用下面的方式引入：

```
import css from 'css-loader!./css/index.css';
console.log(css);
```

上面代码中 import css from 'css-loader!./css/index. css'是 webpack loader 的内联写法。

有了 css-loader 就可以识别 CSS 语法了，下面需要 style-loader 出场了。简单来说，style-loader 是将 css-loader 打包好的 CSS 代码以<style>标签的形式插入到 HTML 文件中，所以 style-loader 是和 css-loader 成对出现的，并且在顺序上 style-loader 是在 css-loader 之后执行。安装 style-loader：

```
npm install -D style-loader
```

修改 webpack. config. js 配置文件中的 rule 部分：

```
…
rules: [
    {
      test: /\.css $/,
      use: ["style-loader", "css-loader"],
    },
  ],
…
```

运行正确的话，将在浏览器中看到 html 文件的背景为红色了。

在业务开发中，我们很少使用原生 css，而是使用 css 预处理器较多一些，接下来以 Less 预处理器为例，介绍 CSS 预处理器的用法。

首先安装对应的 loader：less-loader，和 less 编译工具。

```
npm install --save-dev less-loader less
```

然后修改 webpack. config. js：

```
module:{
```

249

```
    rules: [
      {
        test: /\.less $/,
        use: ["style-loader", "css-loader", "less-loader"],
      },
    ],
  },
```

less-loader 只是将 Less 语法编译成 CSS，后续还需要使用 css-loader 和 style-loader 处理才可以，所以一般来说需要配合使用。

接下来继续对样式配置进行加强，使用 postCSS 后处理器对样式文件做浏览器适配。例如：

```
/* 没有前缀的写法 */
.flex {
    display: flex;
}


/* 经过 postcss autoprefixer 处理后 */
.flex {
    display: -webkit-box;
    display: -webkit-flex;
    display: -ms-flexbox;
    display: flex;
}
```

使用 PostCSS 需要安装 postcss-loader 和 autoprefixer 插件，然后按照 loader 顺序，在 css-loader 之前（注意 loader 顺序：从右到左，从后到前）加上 postcss-loader：

```
npm i -D autoprefixer postcss-loader
```

然后修改 webpack. config. js：

```
const path = require("path");
const autoprefixer = require("autoprefixer");
module.exports = {
  entry: "./src/index.js",
  mode: "development",
  output: {
    filename: "main.js",
    path: path.resolve(__dirname, "./dist"),
  },
  module: {
    rules: [
      {
```

```
        test: /\.less$/,
        use: [
          "style-loader",
          "css-loader",
          "less-loader",
          {
            loader: "postcss-loader",
            options: {
              plugins: [
                autoprefixer({
                  overrideBrowserslist: ["last 2 versions", ">1%"],
                }),
              ],
            },
          },
        ],
      },
    ],
  },
};
```

7.2.3 静态资源管理

前端项目离不开各种静态资源，静态资源指前端中常用的图片、富媒体（Video、Audio等）、字体文件等。webpack 中静态资源也是可以作为模块直接使用的，本小节将介绍 webpack 对静态资源的管理。

图片是前端项目必不可少的静态资源，但是怎么让 webpack 识别图片，并且能够打包输出？这时候就需要借助 loader 了，这里有两个 loader 可以使用：file-loader 和 url-loader。

file-loader 和 url-loader 是经常在一些 webpack 配置中看到的两个 loader，并且这两个 loader 在一定应用场景上是可以相互替代的，下面介绍两者的区别。

1）file-loader：能够根据配置项复制使用到的资源（不局限于图片）到构建之后的文件夹，并且能够更改对应的链接。

2）url-loader：包含 file-loader 的全部功能，并且能够根据配置将符合配置的文件转换成 Base64 方式引入，将小体积的图片 Base64 引入项目可以减少 http 请求，也是一个前端常用的优化方式。

下面在项目中引入图片资源，使用 url-loader 处理图片资源。在 src 目录下创建 images 目录，里面放入一张图片资源即可，比如 logo. png。

接下来在 index. js 中引入图片，内容如下：

```
import logo from "./images/logo.png";
var img = new Image();
img.src = logo;
img.classList.add("logo");


var root = document.getElementById("root");
root.append(img);
```

修改 dist 目录中 index. html 文件，添加 root 节点：

```
<!DOCTYPE html>
<html lang="en">
  <head>
    <meta charset="UTF-8" />
    <meta name="viewport" content="width=device-width, initial-scale=1.0" />
    <title>Document</title>
  </head>
  <body>
    <div id="root"></div>
    <script src="main.js"></script>
  </body>
</html>
```

修改 webpack. config. js 配置文件，让 webpack 支持识别图片的格式：

```
…
module.exports = {
  …
  module: {
    rules: [
      …
      {
        test: /\.(png|svg|jpg|gif)$/,
        use: {
          loader: "url-loader",
            options: {
          //资源输出后的名称
          name: "[name]-[hash:8].[ext]",
          //资源输出的位置,相对 dist 目录
            outputPath: "images/",
            limit:  10240, //1M            },
          },
        },
      ],
```

```
  },
};
```

url-loader 同样支持占位符，［ext］是指资源的格式后缀。

Css 文件中也同样很好地支持了使用图片资源，修改 index.less 文件即可：

```
html {
  body {
    background: url(../images/logo.png) repeat-x;
    display: flex;
  }
}
```

注意:

不要忘记在入口文件中引入 less 文件。

7.2.4 本地开发环境配置

经过上面的步骤，项目已经支持了样式和静态图片资源，但目前对修改代码后做调试时非常不方便，需要启动 webpack，手动刷新浏览器，接下来学习使用 webpack-dev-server 来提升本地开发的效率。

1. webpack Dev Server

这是一个基于 Express 的本地开发服务器，它使用 webpack-dev-middleware 中间件来为通过 webpack 打包生成的资源文件提供 Web 服务。

2. 命令行

webpack-dev-server 安装之后，会提供一个 bin 命令行，通过命令行可以启动对应的服务。

```
#项目中安装 webpack-dev-server
npm i webpack-dev-server -D
#使用 npx 启动
npx webpack-dev-server
```

执行 webpack-dev-server 命令之后，它会读取 webpack 的配置文件（默认是 webpack.config.js）然后将文件打包到内存中（所以看不到 dist 文件夹的生产，webpack 会打包到硬盘上），这时候打开 server 的默认地址：localhost:8080 就可以看到文件目录或者页面（默认是显示 index.html，没有则显示目录）。

可以将 webpack-dev-server 放到 package.json 的 scripts 里面，例如下面的例子，执行 npm run dev 实际就是执行对应的 webpack-dev-server 命令：

```
{
    "scripts": {
```

```
        "dev": "webpack-dev-server"
    }
}
```

（1）自动刷新

在开发中，用户希望边写代码，边看到代码的执行情况，webpack-dev-server 提供自动刷新页面的功能可以满足用户的需求。webpack-dev-server 支持两种模式的自动刷新页面。

1）iframe 模式：页面被放到一个 iframe 内，当发生变化时，会重新加载。

2）inline 模式：将 webpack-dev-server 的重载代码添加到产出的 bundle 中。

两种模式都支持模块热替换（Hot Module Replacement）。模块热替换的好处是只替换更新的部分，而不是整个页面都重新加载。

使用方式：webpack-dev-server --hot --inline，开启 inline 模式的自动刷新。

webpack-dev-server 被 webpack 作为内置插件对外提供，这样可以直接在对应的 webpack 配置文件中通过 devServer 属性的配置来配置 webpack-dev-server。

```
const path = require('path');
module.exports = {
    //...
    devServer: {
        contentBase: path.join(__dirname, 'dist'),
        port: 8080
    }
};
```

其中 devServer.port 表示服务器的监听端口，即运行后可以通过 http:// localhost:9000 来访问应用；而 devServer.contentBase 表示服务器将从哪个目录去查找内容文件（即页面文件，比如 HTML）。

配置完之后，在项目中执行 webpack-dev-server 就可以看到命令行控制台有以下输出：

```
wds: Project is running at http://localhost:9000/
wds: webpack output is served from /
wds : Content not from webpack is served from …
…
wdm: Compiled successfully.
```

至此，就可以用 http:// localhost:8080/这个地址来访问本地开发服务了。

（2）Hot Module Replacement

HMR 即模块热替换（Hot Module Replacement）的简称，它可以在应用运行的时候，不需要刷新页面，就可以直接替换、增删模块。

webpack 可以通过配置 webpack.HotModuleReplacementPlugin 插件来开启全局的 HMR 能力，开启后 bundle 文件会变大一些，因为它加入了一个小型的 HMR 运行时（runtime），当用户的应用在运行的时候，webpack 监听到文件变更并重新打包模块时，HMR 会判断这些模块是否接受更新，若允许，则发信号通知应用进行热替换。

开启 HMR 功能：

1）设置 devServer. hot＝true。

2）在 webpack. config. js 中引入 webpack 并添加 plugins：new webpack. HotModuleReplacementPlugin( )。

修改 index 入口文件添加 HMR 支持代码：

```
//在入口文件 index.js 最后添加如下代码
if (module.hot) {
    //通知 webpack 该模块接受 hmr
    module.hot.accept(err => {
        if (err) {
            console.error('Cannot apply HMR update.', err);
        }
    });
}
```

最终修改后的 webpack. config. js 内容如下：

```
const path = require('path');
const webpack = require("webpack");
module.exports = {
    entry: './src/index.js',
    devServer: {
        contentBase: path.join(__dirname, 'dist'),
        port: 8080,
        //开启 hmr 支持
        hot: true
    },
    plugins: [
        //添加 hmr plugin
        new webpack.HotModuleReplacementPlugin()
    ]
};
```

经过上面配置之后，再次执行 webpack－dev－server，打开 http:∥ localhost:8080，然后修改 index. js 内容，就能看到效果了。

（3）proxy

在实际开发中，本地开发服务器是不能直接请求线上数据接口的，这是因为浏览器的同源安全策略导致的跨域问题，可以使用 devServer. proxy 来解决本地开发跨域的问题。

下面的配置是将页面访问的/api 所有请求都转发到了 baidu. com 上：

```
module.exports = {
    //...
```

```
    devServer: {
        proxy: {
            '/api': 'http://baidu.com'
        }
    }
};
```

那么，请求/api/users 则会被转发到 http:// baidu.com/api/users 线上地址。

devServer.proxy 的值还支持高级属性，通过高级属性可以做更多的事情，如上面的需求变成将/api/users 转发到 http:// baidu.com/users，那么配置就需要改成：

```
module.exports = {
    //...
    devServer: {
        proxy: {
            '/api': {
                target: 'http://baidu.com',
                pathRewrite: {'^/api': ''}
            }
        }
    }
};
```

如果需要转发的网站是支持 https 的，那么需要增加 secure=false，来防止转发失败：

```
module.exports = {
    //...
    devServer: {
        proxy: {
            '/api': {
                target: 'https://baidu.com',
                secure: false,
                pathRewrite: {'^/api': ''}
            }
        }
    }
};
```

7.2.5　使用 Babel 支持 ES6+

在 webpack 中编写 JavaScript 代码，可以使用最新的 ES 语法，而最终打包的时候，webpack 会借助 Babel 将 ES6+语法转换成在目标浏览器可执行的 ES5 语法。

1. 什么是 Babel

Babel 是 JavaScript 的编译器，通过 Babel 可以将最新 ES 语法的代码轻松转换成任意版本的 JavaScript 语法。随着浏览器逐步支持 ES 标准，我们不需要改变代码，只需要修改 Babel 配置即可以适配新的浏览器。

2. Babel 配置文件

Babel 会在正在被转义的文件当前目录中查找一个 .babelrc 文件。如果不存在，它会向外层目录遍历目录树，直到找到一个 .babelrc 文件，或一个有 "babel"：{} 的 package.json 文件。

修改 index.js 入口文件，添加 ES6+的语法内容：

```
//index.js
const arr = [new Promise(() => {}), new Promise(() => {})];

arr.map((item) => {
  console.log(item);
});
```

3. 使用 Babel 生态处理 ES6+语法

接下来安装 Babel 相关依赖：

```
npm i babel-loader @babel/core @babel/preset-env -D
```

> **注意：**

babel-loader 是 webpack 与 babel 的通信桥梁，不会做把 es6 语法转成 es5，这部分工作由@babel/preset-env 来完成。

修改 webpack.config.js 文件，对 .js 格式文件匹配：

```
{
    test: /\.js $/,
        exclude: /node_modules/,
        use: {
          loader: "babel-loader",
          options: {
           presets: ["@babel/preset-env"],
          },
        },
    },
},
```

执行 npx webpack 启动构建，这里不推荐使用 devServer，因为这样看不到本地的 bundle 文件。

被 Babel 处理后的 bundle 文件：

```
#main.js
```

```
eval("//index.js\nvar arr = [new Promise(function () {}), new Promise(function
() {})]; \narr.map(function (item) {\n    console.log(item); \n}); \n\n//#
sourceURL=webpack:///./src/index.js?");
```

可以发现语法已经发生了转换，但是还不够，在 ES5 中，有些对象、方法实际在浏览器中可能是不支持的，例如：Promise、Array.prototype.includes，这时候就需要用 @babel/polyfill 来做模拟处理。@babel/polyfill 使用方法是先安装依赖，然后在对应的文件内显性的引入：

```
#安装,注意因为代码中引入了 polyfill,所以不再是开发依赖(--save-dev,-D)
npm i @babel/polyfill
```

在文件内直接 import 或者 require：

```
//polyfill
import '@babel/polyfill';
```

这么做看似问题解决了，polyfill 引入后，补全了低版本浏览器的缺失特性，但是打包后会发现，bundle 体积大了很多，这次因为 polyfill 会把所有的特性一次性引入导致的。解决这个问题的方式就是按需加载，即用到哪个新特性，polyfill 就引入哪个。

useBuiltIns 选项是 babel 7 的新功能，这个选项的功能是告诉 babel 如何配置 @babel/polyfill。

它有以下 3 个参数可以使用。

1）entry：需要在 webpack 的入口文件里 import "@babel/polyfill" 一次。babel 会根据用户的使用情况导入垫片，没有使用的功能不会被导入相应的垫片。

2）usage：不需要 import，全自动检测，但是要安装 @babel/polyfill。（试验阶段）

3）false：如果用户 import "@babel/polyfill"，它不会排除掉没有使用的垫片，程序体积会变庞大。（不推荐）

修改 webpack.config.js 文件：

```
test: /\.js $/,
exclude: /node_modules/,
use: {
  loader: "babel-loader",
  options: {
    presets: [
      [
        "@babel/preset-env",
        {
          targets: {
            edge: "17",
            firefox: "60",
            chrome: "67",
            safari: "11.1",
```

```
      },
      corejs: 2,              //新版本需要指定核心库版本
      useBuiltIns: "usage",   //按需注入
    },
   ],
  ],
 },
},
```

注意：

index.js 文件去掉 polyfill 的引入。

4. 使用 Babel 配置文件

在项目根目录下创建 .babelrc 文件，把 webpack.config.js 中 babel 相关的 options 选项挪到新文件中即可，这样可以减少 webpack.config.js 文件的体积。

```
//.babelrc

{
 presets: [
  [
    "@babel/preset-env",
    {
     targets: {
       edge: "17",
       firefox: "60",
       chrome: "67",
       safari: "11.1"
     },
     corejs: 2,              //新版本需要指定核心库版本
     useBuiltIns: "usage"    //按需注入
    }
  ]
 ]
}


//webpack.config.js

{
test: /\.js $/,
```

```
        exclude: /node_modules/,
        loader: "babel-loader"
    }
```

7.2.6   集成 React 框架

现在基础配置已经基本进入尾声，接下来在项目中继续添加配置，使项目支持 React 框架。

在 src 文件夹下创建一个 App.jsx 的文件：

```
//App.jsx
import React from 'react';
import ReactDOM from 'react-dom';
const App = () => {
    return (
        <div>
            <h1>Hello React andWebpack</h1>
        </div>
    );
};
export default App;
ReactDOM.render(<App />, document.getElementById('app'));
```

安装依赖：

```
npm install react react-dom --save
```
安装 babel 与 react 转换的插件：
```
npm install --save-dev @babel/preset-react
```

在 babelrc 文件里添加：

```
{
  "presets": [
    ...,
    "@babel/preset-react"
  ]
}
```

执行构建，完成集成 React 框架。

7.3   扩展优化

webpack 毕竟是个项目打包工具，随着项目越来越大，构建速度可能会越来越慢，构建出来的 js 文件的体积也越来越大，此时就需要对 webpack 的配置进行优化。

1. 缩小文件范围

loader 是个值得优化的部分，应该尽可能少地使用 loader，可以通过 exclude、include 配置来确保转译尽可能少的文件。顾名思义，exclude 指定要排除的文件，include 指定要包含的文件。

exclude 的优先级高于 include，在 include 和 exclude 中使用绝对路径数组，尽量避免 exclude，更倾向于使用 include。

```
{
        test: /\.js[x]?$/,
        use: ["babel-loader"],
        include: [path.resolve(__dirname, "src")],
},
```

2. 优化 Resolve. modules 配置

resolve. modules 用于配置 webpack 去哪些目录下寻找第三方模块，默认是 ['node_modules']

寻找第三方模块，默认是在当前项目目录下的 node_modules 里面去找，如果没有找到，就会去上一级目录 ../node_modules 找，再没有则会去 ../../node_modules 中找，以此类推，和 Node. js 的模块寻找机制很类似。

如果第三方模块都安装在了项目根目录下，就可以直接指明这个路径。

```
module.exports = {
  resolve:{
      modules: [path.resolve(__dirname, "./node_modules")]
  }
}
```

3. 优化 Resolve. alias 配置

resolve. alias 配置通过别名来将原导入路径映射成一个新的导入路径，以 React 为例，引入的 React 库一般存在两套代码：

1）cjs 格式，采用 commonJS 规范的模块化代码。

2）umd 格式，已经打包好的完整代码，没有采用模块化，可以直接执行。

默认情况下，webpack 会从入口文件 ./node_modules/bin/react/index 开始递归解析和处理依赖的文件。可以直接指定文件，避免此处的耗时。8 1 3 6 A 6 3 5

```
alias: {
  "@ ": path.join(__dirname, "./pages"),
  react: path.resolve(
  __dirname,
  "./node_modules/react/umd/react.production.min.js"
  ),
  "react-dom": path.resolve(
  __dirname,
```

```
"./node_modules/react-dom/umd/react-dom.production.min.js"
)
}
```

4. 优化 Resolve. extensions 配置

resolve. extensions 在导入语句没带文件格式后缀时，webpack 会去 extensions 列表里查找，也会消耗时间，建议使用模块导入的时候加上文件格式后缀。

```
#默认值
extensions:['.js','.json']
```

5. 使用静态资源路径 publicPath（CDN）

CDN 通过将资源部署到世界各地，使得用户可以就近访问资源，加快访问速度。要接入 CDN，需要把网页的静态资源上传到 CDN 服务上，在访问这些资源时，需使用 CDN 服务提供的 URL。

```
##webpack.config.js
output:{
  publicPath:'//cdnURL.com',          //指定存放 JS 文件的 CDN 地址
}8 13 6 A 635
```

6. 样式文件的处理

如果不做抽取配置，css 文件是直接打包进 js 文件里面的，我们希望能单独生成 css 文件，这样的话，css 可以和 js 文件并行下载，提高页面加载效率。

借助 MiniCssExtractPlugin 完成抽离 css：

```
#安装插件依赖
npm install mini-css-extract-plugin -D

#webpack.config.js 引入依赖
const MiniCssExtractPlugin = require("mini-css-extract-plugin");


{
  test: /\.scss $/,
    use: [
      //"style-loader",//不再需要 style-loader,用 MiniCssExtractPlugin.loader
代替
      MiniCssExtractPlugin.loader,
      "css-loader",                 //编译 css
      "postcss-loader",
      "sass-loader"                 //编译 scss
    ]
},
```

```
plugins: [
    new MiniCssExtractPlugin({
        filename: "css/[name]_[contenthash:6].css",
        chunkFilename: "[id].css"
    })
]
```

借助 optimize-css-assets-webpack-plugin，cssnano，压缩 css，减少体积。

安装 optimize-css-assets-webpack-plugin，cssnano：

```
npm install cssnano -D
npm i optimize-css-assets-webpack-plugin -D
```

修改 webpack. config. js：

```
const OptimizeCSSAssetsPlugin = require("optimize-css-assets-webpack-plugin");

new OptimizeCSSAssetsPlugin({
    cssProcessor: require("cssnano"),    //引入 cssnano 配置压缩选项
    cssProcessorOptions: {
        discardComments: { removeAll: true }
    }
})
```

7. html 文件的处理

借助 html-webpack-plugin 插件，可以完成 html 文件的体积压缩：

```
new htmlWebpackPlugin({
    title: "商城",
    template: "./index.html",
    filename: "index.html",
    minify: {
        //压缩 HTML 文件
        removeComments: true,              //移除 HTML 中的注释
        collapseWhitespace: true,          //删除空白符与换行符
        minifyCSS: true                    //压缩内联 css
    }
}),
```

8. tree Shaking

webpack2. x 开始支持 tree shaking 概念，顾名思义，"摇树"即清除无用代码（Dead Code）。

Dead Code 一般具有以下几个特征。

1）代码不会被执行，不可到达。

2）代码执行的结果不会被用到。

3）代码只会影响"死"变量（只写不读）。

注意：

Js tree shaking 只支持 ES module 的引入方式！

先清除 css 的无用代码，需要安装 glob-all purify-css purifycss-webpack：

```
npm i glob-all purify-css purifycss-webpack --save-dev
```

在 webpack.config.js 中使用：

```
const PurifyCSS = require('purifycss-webpack')
const glob = require('glob-all')
plugins:[
    //清除无用 css
    newPurifyCSS({
      paths: glob.sync([
        //要做 CSS Tree Shaking 的路径文件
        path.resolve(__dirname,'./src/*.html'), //请注意,同样需要对 html 文件进行
tree shaking
        path.resolve(__dirname,'./src/*.js')
      ])
    })
]
```

再清除 JavaScript 文件中的无用代码，这里要注意只支持 import 方式引入，不支持 commonjs 的方式引入，设置起来也非常简单，仅需要开启 optimization.usedExports 功能即可。

```
//webpack.config.js
optimization:{
    usedExports:true     //找出哪些导出的模块被使用了,再做打包
}
```

注意：

只有 mode 是 production 才会生效，develpoment 的 tree shaking 是不生效的。

开启了 JavaScript 摇树功能后，会产生一定的副作用，比如在 index.js 入口模块中引入图片模块、样式模块，但是这些模块并没有在语句中用到，这样就会被"摇掉"，需要修改 package.json 文件，避免这种副作用的产生。

```
//package.json
"sideEffects":false    //正常对所有模块进行 tree shaking  ,仅生产模式有效,需要配合
usedExports
```

或者在数组里面排除不需要 tree shaking 的模块：

```
"sideEffects":['*.css','@babel/polyfill']
```

9. 代码分割 code splitting

Code Splitting 概念 与 webpack 并没有直接的关系，只不过 webpack 中提供了一种更加方便的方法供我们实现代码分割，只需要设置 splitChunks.chunks=all 即可：

```
optimization:{
    splitChunks:{
        chunks:"all",      //所有的 chunks 代码的公共部分分离出来成为一个单独的文件
    },
  },
```

splitChunks 字段还有很多，下面整理了一份注释版本：

```
optimization:{
    splitChunks:{
        chunks:'async',            //对同步 initial,异步 async,所有的模块有效
        minSize: 30000,            //最小尺寸,当模块大于 30 kB
        maxSize: 0,                //对模块进行二次分割时使用,不推荐使用
        minChunks:1,               //打包生成的 chunk 文件中最少有几个 chunk 引用了这个模块
        maxAsyncRequests:5,        //最大异步请求数,默认 5
        maxInitialRequests:3,      //最大初始化请求书,入口文件同步请求,默认 3
        automaticNameDelimiter:'-',    //打包分割符号
        name: true,                //打包后的名称,除了布尔值,还可以接收一个函数 function
        cacheGroups:{              //缓存组
            vendors:{
                test:/[\\/]node_modules[\\/]/,
                name:"vendor",     //要缓存的、分隔出来的 chunk 名称
                priority: -10      //缓存组优先级,数字越大,优先级越高
            },
            other:{
                chunks: "initial",    //必须三选一："initial" | "all" | "async"(默认就是
async)
                test:/react|lodash/,          //正则规则验证,如果符合就提取 chunk
                name:"other",
                minSize: 30000,
                minChunks:1,
            },
            default:{
                minChunks:2,
                priority: -20,
                reuseExistingChunk: true       //可设置是否重用该 chunk
            }
        }
```

```
    }
  }
```

10. 使用 **HardSourceWebpackPlugin** 缩短构建时间

HardSourceWebpackPlugin 是一个非常强大的插件，可以大大地缩短构建时间。
webpack5 中这个插件已经默认支持了，使用起来也很简单，需要预先安装：

```
const HardSourceWebpackPlugin = require('hard-source-webpack-plugin')
const plugins = [
  new HardSourceWebpackPlugin()
]
```

7.4 小结

本章从 webpack 的基础入门开始，由浅入深地介绍了 webpack 的核心概念，基础配置用法，React 工程环境的配置，以及使用 webpack 自身的配置和生态工具对工程进行优化，达到缩减构建时间、提升性能、提升用户体验的目的。

本章涉及的知识点比较多，要想真正掌握 webpack 这个构建工具，还需要多多实践。